乡村振兴背景下的规划设计探索

钟诗平◎著

中国商业出版社

图书在版编目（CIP）数据

乡村振兴背景下的规划设计探索 / 钟诗平著. 北京 : 中国商业出版社, 2025. 7. -- ISBN 978-7-5208-3502-2

Ⅰ. TU982.29

中国国家版本馆 CIP 数据核字第 2025BE9188 号

责任编辑：王　彦

中国商业出版社出版发行

（www.zgsycb.com　100053　北京广安门内报国寺 1 号）

总编室：010-63180647　编辑室：010-63033100

发行部：010-83120835 / 8286

新华书店经销

廊坊市祥丰印刷有限公司印刷

*

710 毫米 ×1000 毫米　16 开　11.75 印张　184 千字

2025 年 7 月第 1 版　2025 年 7 月第 1 次印刷

定价：58.00 元

* * * *

前　言

乡村振兴战略作为我国新时代发展的重大战略，是关系全面建设社会主义现代化国家的全局性、历史性任务，是新时代“三农”工作总抓手。在这一背景下，规划设计作为推动乡村振兴的核心手段之一，肩负着重要的使命与责任。本书立足于乡村振兴与规划设计的交汇点，系统探讨了这一领域的相关理论、实践经验与发展趋势，旨在为研究者、政策制定者、设计师以及乡村发展参与者提供有益的启示与指导。

本书分为十章，内容涵盖乡村振兴的政策背景、规划设计的理论基础、土地利用、基础设施、产业发展、生态环境保护、文化传承、智慧乡村等多个方面。通过对这些主题的深入分析，我们试图呈现乡村振兴过程中的复杂性与系统性，强调规划设计在这一过程中不可或缺的基础性与前瞻性作用。

乡村振兴不仅仅是对现有资源的优化配置，更是一次深刻的社会变革，涉及乡村生活的方方面面。从产业发展到文化保护，从生态修复到智慧乡村建设，规划设计在推动这一变革中的重要性不言而喻。本书不仅关注传统乡村的振兴，也特别强调乡村协同发展和区域一体化的战略，探索如何通过创新的规划设计实现乡村的可持续发展。随着数字技术的迅猛发展和全球可持续发展理念的不断深化，本书特别探讨了智慧乡村建设与数字化管理等前沿议题，为未来乡村的规划设计提供了新的视角与思路。我们相信，随着理论与实践的不断创新，乡村振兴将在不久的将来迎来更加光明的未来。希望本书能够为广大读者提供有价值的理论支持与实践指引，激发更多人投身于乡村振兴的伟大事业，助力乡村实现产业兴旺、生态宜居、乡风文明、治理有效和生活富裕等目标。

目　　录

第一章　乡村振兴的政策与规划设计重要性

乡村振兴战略作为我国新时代发展的重大战略，已成为关系全面建设社会主义现代化国家的全局性、历史性任务。本章将梳理国家的相关政策与战略规划，分析当前乡村振兴面临的主要挑战与机遇，并重点讨论规划设计在乡村振兴中的关键作用。乡村振兴不仅是经济发展的要求，更是社会文化进步和生态环境保护的需要，因此，深入理解国家政策的导向和乡村振兴的内在动力，是推动乡村持续发展的重要前提。

第一节　国家政策与战略规划概述

一、乡村振兴战略概述

乡村振兴战略是国家在新时代背景下应对农村发展不平衡、不充分问题的重大战略举措。这一战略旨在全面提升农村的经济、社会、生态、文化等各方面的发展水平，通过综合手段解决农业农村现代化进程中的结构性矛盾和问题，确保农村在经济社会发展中不被边缘化。乡村振兴战略的提出源于对“三农”问题的深刻认识。长期以来，农业在现代化进程中处于相对弱势地位，农村的发展水平也相对落后，而农民的收入和生活条件与城市居民相比存在较大差距。为了改变这一状况，乡村振兴战略强调全方位推进农业强、农村美、农民富的目标，将“三农”问题纳入国家发展战略的核心议题。

实现农业现代化是乡村振兴的重要内容之一。农业作为农村经济的基础，在乡村振兴中扮演着关键角色。通过引进先进的农业技术和装备，优化农业生产结构，提升农业生产效率，乡村振兴战略力图改变传统农业生产方式，使其向现代化、集约化、可持续的方向转变。这不仅可以提高农业的生产效率，还能显著增强农业的竞争力,为农村居民提供更稳定的经济收入来源。国家在这一过程中通过政策引导、资金支持和技术推广等方式,鼓励农业企业和农民采用新型农业技术,开展绿色生态种植和养殖,实现农业的可持续发展。通过这些措施,农业不仅能够实现产量和质量的双提升,还能够在全球农业市场中占据有利地位,进而促进国家整体经济的稳定发展。

农村环境的改善是乡村振兴的另一重要目标。农村美不仅是表现在环境的外在整洁上,还要求农村地区具备可持续发展的生态环境。因此,乡村振兴战略将农村生态文明建设放在突出位置,致力于改善农村的生活环境、生态环境和生产环境。国家通过对农村生态环境保护的政策支持和专项资金的投入,推动农村地区的环境治理和生态修复工作。在水土保持、农村生活污水处理、垃圾分类处理、土地资源合理利用等方面,乡村振兴战略以长远的眼光提出系统化的解决方案,以确保农村生态环境的可持续发展。通过一系列生态环境保护措施,乡村振兴战略不仅提高了农村的环境质量,也为农村居民创造了更加健康、舒适的生活环境,有助于改变传统农村给人以脏乱差的印象,使得农村成为更加宜居、宜业的美丽家园。

农民生活水平的提高是乡村振兴战略的最终落脚点。农民富裕不仅体现在收入的增长,还包括生活质量、受教育水平、社会保障等多方面的提升。乡村振兴战略通过支持农村产业发展,提供更加多样化的就业机会,帮助农民增收致富。国家鼓励农村地区因地制宜发展特色产业,如农业种植、养殖业、加工业和农村旅游等,以实现多渠道的收入来源。通过发展多种经营模式,农民能够从多样化的经济活动中获益,摆脱对传统农业收入的依赖,增加整体家庭收入。同时,国家还加大了对农村基础设施和公共服务的投入,建设乡村公路、医疗卫生设施、教育资源等,提高农民的生活质量和幸福感。此外,乡村振兴战略注重加强农村社会保障体系建设,通过政策支持,增强农村居民的社会保障覆盖面,使得农民在教育、医疗、养老等方面获得更加全面的保障。

乡村振兴战略的实施不仅旨在改善农村的生产、生活条件,更是要从根本上提升农村的治理水平和可持续发展能力。在推进乡村振兴的过程中,国家注重发挥基层组织的作用,鼓励农村地区建立健全现代化的治理体系,以确保乡村振兴的政策措施能够有效落实。通过提升农村基层治理能力,可以实现农村地区的自我管理、自我服务和自我发展，形成长期有效的治理机制。乡村振兴战略要求农村基层党组织在乡村治理中发挥领导核心作用，带动和引导农村居民积极参与乡村事务，从而增强村民的集体意识和凝聚力。在治理机制创新方面，国家鼓励农村地区借鉴城市治理的先进经验，推动“村社共建”“村企共赢”等治理模式的发展，形成政府、市场、社会多元参与的乡村治理格局。

乡村振兴战略不仅关注农村的经济增长，还着眼于农村文化的保护与弘扬。农村文化是中华民族文化的重要组成部分，承载着丰富的历史记忆和传统价值观。在城市化进程中，许多农村地区的文化逐渐被忽视甚至丧失。为此，乡村振兴战略提出了加强农村文化建设的目标，通过保护传统文化、发展文化产业、提升农村居民的文化素养等手段，促进农村文化的繁荣发展。国家通过对非物质文化遗产的保护、传统民俗活动的推广、文化基础设施的建设等方式，推动农村文化的传承与创新，使得农村地区的文化氛围更加丰富多彩。同时，文化建设还能够增强农村居民的文化自信，帮助农民树立积极向上的生活态度，提升其精神面貌。

二、实施框架

乡村振兴战略的实施框架是由国家推动，综合多方力量构建的系统性支持结构，涵盖了政策保障、财政支撑、技术引导、社会资源调动等多重维度。为保证乡村振兴政策的全面落地，国家在财政、技术和社会保障等方面进行了整体性布局。这一框架旨在提升农村基础设施、推动农业现代化、改善农民生活条件，最终实现城乡统筹协调发展的战略目标。

从政策层面看，国家出台的政策法规为乡村振兴战略提供了法律依据和政策保障。这些政策法规涵盖了从土地管理到生态环境保护再到产业结构调整等诸多方面，通过明确相关权责和操作规程，确保各级政府能够在乡村振兴过程中高效落实政策。此外，为了强化地方政府在乡村振兴中的责任，国家层面还建立了科学的政策评估机制，以便动态跟踪政策实施效果，从而适时调整或优化政策方向和措施。

在财政支持方面，国家加大了对农村地区的财政投入，通过设立专项资金来支持基础设施建设、农业产业升级和公共服务完善等项目。这样的财政投入，不仅为乡村发展提供了物质保障，也为地方政府实施乡村振兴战略提供了必要的经济支撑。同时，国家还通过财政转移支付和税收优惠政策等多种手段，增加了农村地区的经济活力。在这种财政支持体系下，乡村的水利、电力、交通等基础设施得到了显著改善，为农业现代化和农村经济发展创造了更为有利的环境。此外，国家还大力推广农产品补贴、农业保险等财政支持政策，为农民的收入稳定提供了有力保障。

在技术扶持方面，国家通过建立专业的技术推广服务体系，推动先进农业技术在农村的普及与应用。农业技术的推广不仅提高了农业生产的效率，也在很大程度上减轻了农民的劳动负担。国家还积极推动信息技术与农业的融合发展，将数字化、智能化技术引入农业生产、加工、销售等环节，通过智能化的农业设备和系统，使得农业生产的精确度和效率大大提高。国家还通过科研机构和高等院校的技术支持，帮助农村地区开发具有地方特色的农业技术，推动区域特色农业的发展。此外，为提高农民的技术水平，国家设立了农村技术培训项目，使农民能够掌握现代农业生产技术，从而提升其在乡村振兴过程中的主体地位和参与感。

在社会保障方面，国家实施了以农村养老、医疗、教育为核心的农村社会保障制度，为农民的生活提供了全方位的保障。农村养老保障体系的建立，使得农民在年老失去劳动能力后能够获得经济支持，享受基本的生活保障。医疗保障体系的完善，使农村居民能够享受到更多的医疗服务，降低了农村贫困人口因病致贫、因病返贫的风险。此外，教育保障体系的推进，使农村地区的教育资源得到了一定程度的优化，让更多的农村青少年能够接受良好的教育，为未来的乡村振兴储备了人才资源。这些社会保障制度在一定程度上减轻了农民的生活负担，提高了农村居民的生活质量，为实现乡村振兴提供了有力的社会保障。

国家通过政策、财政、技术和社会保障的多重支持，构建了一个有机协调的乡村振兴实施框架。这个框架不仅着眼于提升农业生产水平和农村经济活力，更关注农村地区的生态保护、社会稳定和农民生活质量的提高。

第二节　面临的主要挑战与机遇

一、基础设施薄弱

农村地区基础设施薄弱的问题长期以来一直困扰着乡村的发展进程。这种不足主要体现在交通和通信网络的不完善上,极大地限制了资源的有效流动,阻碍了经济活动的顺畅开展,影响了村民的日常生活和生活质量,也对政府推进乡村振兴战略形成了不小的挑战。在许多偏远农村地区,由于地理位置偏僻且人口分布相对分散,交通建设的投入成本极高,基础设施的覆盖率普遍不足。尽管近年来国家对农村交通设施建设有所倾斜,但由于起点低,整体水平仍然难以满足经济社会发展的需求。农村公路的通达性和安全性较差,不仅限制了农产品和劳动力的流动,还影响到乡村市场与城市市场之间的连通,抑制了农村地区发展特色产业的潜力。

通信基础设施的薄弱进一步加剧了农村与外界的隔绝,尤其是在信息技术飞速发展的今天,互联网已经成为连接全球的重要工具。然而,许多农村地区仍面临着网络覆盖不足、信号不稳定的窘境,这不仅使村民难以获取最新的农业生产技术和市场信息,还限制了电商平台和远程教育等现代服务的渗透。在一些偏远山村,网络信号往往时断时续,网络延迟较大,即使政府推动的“互联网+”政策在这些地区也难以落地生根,村民在信息化浪潮中的获得感较为有限。通信网络的不足不仅仅影响到日常生活的便利性,更严重的是,它使得农村地区无法充分融入数字经济的发展潮流中,削弱了乡村振兴过程中的竞争力。

基础设施的薄弱还体现在农村供水供电系统的缺陷上。部分农村地区供水系统老旧,供电设施陈旧,这些因素直接影响了农业生产的稳定性和生活用水用电的保障程度。在干旱或极端天气条件下,供水供电系统的不足往往导致农村居民生产生活受到严重影响,特别是在水利设施不完善的地方,村民灌溉农田的需求难以满足,直接影响农业产量。此外,电力系统的不稳定性和线路损耗也使得农村经济活动难以展开,一些需要耗电的农业加工活动在此背景下更显举步维艰。

基础设施的薄弱不仅影响经济发展,还对教育、医疗等公共服务的普及造成了阻碍。农村地区的学校和医疗卫生基础设施相对简陋,教育资源匮乏,师资力量薄弱，这种情况导致农村学生在学业上无法享受到与城市学生同等的教育质量，也限制了农村地区的人才培养。医疗设施的不足则直接关系到居民的健康保障问题，许多偏远地区缺乏合格的医生和先进的医疗设备，村民在面临疾病时往往不得不前往更远的城市就医，既增加了经济负担，也使得一些慢性疾病的早期发现和治疗困难重重。农村基础设施的落后也影响到社会服务的覆盖和质量，导致城乡居民在公共服务的享受方面存在显著差距。

农村基础设施薄弱问题的产生，有其深刻的历史和经济原因。一方面，长期以来，农村地区基础设施投资不足，由于建设成本高、维护难度大，许多政府项目都倾向于集中资源发展城市，农村则一直处于被忽视的状态，基础设施建设明显滞后。另一方面，农村地区经济发展水平较低，缺乏足够的财政支持来改善基础设施条件，这种恶性循环使得许多基础设施建设计划在农村难以真正实施。此外，受自然环境和地形条件的制约，部分农村地区的基础设施建设难度较大，尤其是地处山区、地质条件复杂的地区，更是面临着投入大、见效慢的问题。这些因素共同导致了农村基础设施薄弱的问题成为制约乡村经济社会发展的关键因素。

要解决农村基础设施薄弱的问题，需要从政策、资金投入和技术支持等多个方面着手，进行全面的改善和提升。这不仅是经济发展的需要，也是推动乡村振兴、实现城乡均衡发展的重要内容。

二、人口老龄化和人才流失

农村地区的年轻劳动力外流是实现乡村全面振兴的主要阻力之一，直接影响到乡村发展的核心动力和潜力。人口老龄化加剧，乡村人才流失严重，导致在现代化生产方式、创新经营理念和科学管理方面的缺失，进一步制约了乡村经济的长远发展。在乡村振兴战略的推动下，人才问题显得尤为突出，因为乡村经济的可持续发展不仅需要基本劳动力，更需要高素质的创新型人才。然而，大量年轻劳动力外流的背后是农村经济发展缓慢、就业机会不足、教育资源匮乏等多重原因的综合作用。

由于城市化进程的加快，越来越多的农村青壮年选择前往城市寻找发展机会。城市提供了更多元的职业选择、相对优厚的福利待遇以及完善的社会保障体系，与农村的传统农业生产和相对单一的产业结构形成了鲜明对比。正因如此,农村地区劳动力人口的流失成为一种趋势,年轻人远离家乡、加入城市生活,致使农村空心化现象日趋严重。这一现象不仅使农村失去了重要的人力资源,同时也在逐步削弱乡村社区的活力和凝聚力。人口结构的失衡带来了一系列社会经济问题,例如,农村的高龄化人口比例上升,老年人对公共服务的需求增加,然而,年轻劳动力和管理人才的缺乏却使这些需求难以得到满足。此外,人口老龄化直接加大了农村经济发展负担。在传统农业模式下,依赖人力的农耕生产模式已难以适应现代化的经济需求。随着科技进步和产业结构升级,农业生产正逐步向机械化、智能化转型,这需要具有相应知识和技能的人才。然而,农村人口中留守的多为老年人和儿童,普遍缺乏现代农业技术和管理能力,使得新技术的推广和新模式的实施面临巨大阻碍。在这样的人口结构背景下,乡村振兴不仅在技术升级方面受到制约,同时也在项目实施过程中缺乏有效的推动力。人口老龄化进一步导致生产率下降和创新力不足,农业发展和农村经济因此难以持续提升,形成了阻碍乡村全面发展的瓶颈。

人才流失的问题还体现在乡村缺乏教育、医疗和社会服务等基础设施的管理和维护上。乡村要实现振兴,需要完善这些基础设施以吸引人口回流,并提供良好的生活环境。设施的建设和管理需要专业技术人才,然而现实中,管理者和技术人员缺乏技能常使基础设施难以正常运作。例如,教育资源的短缺直接导致年青一代的教育水平较低,进一步削弱了乡村人口的竞争力。医疗服务和社会福利体系的不足也使得农村老年人群体的生活质量低下,加重了乡村社会的负担,形成了经济与社会双重压力下的恶性循环。在这种情况下,人口老龄化和人才流失已成为乡村振兴道路上的巨大障碍,需要有系统的政策支持和切实的措施来解决这一问题。

应对人口老龄化和人才流失的根本在于提升乡村的吸引力和竞争力,使年轻人愿意回乡创业或从事农业相关职业。这需要改善农村地区的就业环境和生活条件,提供更多的创业支持和政策优惠,为人才创造适宜发展的空间。此外,乡村振兴还需要建立健全教育培训体系,提高留守人口的技能水平和文化素养,使其能够适应现代农业和乡村发展的需求。政策制定者需要认识到,乡村的可持续发展离不开人才的支撑，而人才的流失将直接影响乡村的生产力、创新力和综合竞争力。因此，加强乡村教育和职业培训，加大对返乡创业者的支持力度，为农村引入现代化的农业科技和商业模式，都是当前亟待解决的问题。

通过推动城乡资源的合理流动，使得城市与乡村形成一种相互支持的关系，这将有助于缓解农村的人口老龄化问题。政策支持可以在城乡之间建立更畅通的资源配置机制，将城市的技术、资本和人才引入乡村，帮助乡村实现产业升级和经济多样化。同时，政府可以通过加强对农村教育和医疗的投入，提高乡村的生活质量，逐步缩小城乡差距，从而吸引年轻人回流或留在乡村发展。此外，创新型农业和乡村旅游业的发展可以为乡村提供新的就业机会，为返乡人口和留守青壮年提供发展平台。通过现代化农业科技的引入和乡村多样化产业的推广，乡村将能够建立起有吸引力的就业环境，减少年轻劳动力的外流，从而达到缓解人口老龄化和人才流失的目的。

在此过程中，社会各界应共同努力，为乡村提供政策、资金和技术支持。通过多方合作，政府、企业和社会团体可以在农村地区建立起有效的支持体系，帮助乡村留住和吸引更多人才，逐步缓解人口老龄化带来的压力。乡村振兴需要一支懂技术、善管理的专业化队伍，而这支队伍的建设离不开长期的教育投入和政策支持。

三、资源环境压力

在资源环境压力日益增大的当今，农村地区的可持续发展面临诸多挑战，尤其是农业和工业活动对自然环境的影响，已成为制约乡村振兴的重要因素。农业生产在追求高产量、高效率的背景下，广泛使用化肥、农药以及灌溉用水资源的过度开采，对土壤、水资源和空气质量产生了长期影响。这些化学物质残留在土壤和水体中，使得自然环境的自净能力逐渐下降，造成水体富营养化、土壤板结和生物多样性下降等环境问题。此外，农村工业化进程中常见的资源浪费、环境污染等现象同样加剧了生态系统的负担。这些压力在乡村地区尤为明显，因其自然环境脆弱、生态承载力有限，一旦遭受环境破坏，恢复所需的时间和资源更为昂贵，因此，必须在乡村振兴中系统性地引入生态保护和资源管理的措施，以促进人与自然的和谐共生。

乡村振兴的核心之一在于资源的可持续利用,以保障农村经济的长期稳定发展。传统农业生产模式虽在一定程度上推动了乡村经济的发展,但其资源消耗型特点难以为继,必须尽早引入环保意识和生态技术,以减少资源的过度消耗。例如,在水资源管理上,需要减少灌溉水的浪费,通过节水技术、现代化灌溉系统的应用,提升水资源的使用效率,保障农业生产和水资源平衡。在土壤资源的利用上,应推行有机农业、休耕轮作等生态耕作方式,减少化学物质对土壤的污染,增强土壤的肥力和生态恢复能力。合理的土壤管理能够防止土壤退化,提高农作物产量的稳定性,为农村地区的可持续发展奠定基础。

与此同时,乡村工业的发展也需关注其环境影响。工业活动如小规模的制造、加工行业在农村地区的出现,虽满足了部分经济需求,但其环境管理能力相对不足,许多企业因环保意识不强,缺乏先进的污染治理设施,排放未经处理的废水、废气和固体废弃物,对周边环境造成污染,影响居民生活质量。因此,在乡村振兴过程中,需加强工业领域的环境管控,通过政策引导、监管措施和环保技术支持,提高工业生产的环保水平,减少工业污染对生态系统的影响。引入绿色制造技术、循环经济模式,有助于降低资源消耗,减少废弃物的排放,实现资源的可持续利用。此外,乡村振兴还需要解决生态系统的整体保护问题。农村地区的生态系统由水、土壤、森林、湿地等构成,这些自然资源之间相互联系,形成了复杂的生态网络。农业和工业活动对某一资源的过度消耗或污染,可能影响整个生态系统的平衡。因此,乡村振兴战略应包括系统性、综合性的生态保护措施,确保每一环节的可持续性。例如,实施生态保护区政策,限制某些区域的开发强度,避免人类活动对生态系统的直接干扰;同时,提升植被覆盖率,保护天然植被的恢复和生长,以增强水土保持能力,减少土壤流失和自然灾害的发生风险。在流域管理方面,控制污染源的输入量,保护河流、湖泊和湿地的生态环境,恢复水体的自净功能,为农村生态系统的健康发展提供保障。

在资源管理方面,乡村振兴需要探索多种生态修复和资源再生的方法。例如,开展退化生态系统的修复工程,通过生物修复、化学修复和物理修复等技术手段,降低土壤和水体的污染水平,恢复生态环境的原始状态。通过生态补偿机制和激励政策，鼓励村民和企业主动参与到生态修复的行动中，实现全社会共同治理。此外，还需加强资源循环利用，推动农村地区的资源管理向循环经济方向转变。例如，在农业废弃物处理方面，将农作物秸秆、畜禽粪便等废弃物进行资源化处理，生产有机肥料或清洁能源，减少废弃物的堆积和焚烧造成的环境污染，实现资源的有效利用。

在政策支持方面，政府需要发挥引导和推动作用，制定有利于生态保护和资源管理的政策法规，为乡村振兴提供制度保障。通过实施环境标准和资源使用限额，限制高污染、高消耗的生产方式，引导农村经济向绿色、可持续方向发展。此外，还需加大环保资金的投入，支持生态恢复、污染治理和基础设施建设，提升农村地区的环境管理能力和资源利用效率。对农村居民和企业进行生态教育和宣传，提高公众的环境保护意识，使其能够认识到可持续发展的重要性，主动参与到生态保护中来，共同建设美丽乡村。

乡村振兴的最终目标是实现经济、社会与自然环境的和谐共生，而资源环境压力的有效应对是实现这一目标的关键之一。通过引入生态保护和资源管理措施，农村地区的自然环境将逐步得到改善，从而为经济的可持续发展奠定坚实基础。在未来的发展中，需继续深化资源节约型、环境友好型乡村建设，加强生态治理和资源管理，推动乡村振兴在生态保护中持续前行，逐步实现乡村地区的生态繁荣和社会进步。

第三节　乡村振兴中的规划设计重要性

一、提升资源配置效率

提升资源配置效率在乡村振兴中具有重要意义，合理的规划设计能够从根本上促进乡村资源的优化配置，使土地、资金、劳动力等核心资源得到充分利用，从而增强乡村经济的活力。乡村地区在资源配置方面往往存在一些难题，包括资源分布不均、使用效率不高等问题，这些问题限制了乡村经济的发展潜力，也导致了乡村社会的资源浪费。科学的规划设计可以通过系统化、全局化的视角，对资源配置进行重新布局，使资源分配更具针对性和实效性，帮助乡村地区实现可持续发展。

在土地资源的配置上，规划设计能够发挥重要作用。乡村土地资源相对丰富，但开发利用效率却较低。通过合理的规划，可以将土地资源的功能细化，不同类型的土地用于最适合的用途上，避免土地资源闲置或低效利用。现代化的规划手段不仅能够对土地利用状况进行有效分析，还可以根据不同的乡村特色设计出更符合实际的土地配置方案。通过这种方式，土地资源的利用效益得到提高，有助于满足乡村人口的生产、生活需求，同时还能为乡村经济注入新的动力。此外，规划设计还可以引入土地整治与土地复垦等措施，进一步提高土地资源的利用率，增加乡村地区的土地供给，推动乡村经济发展。

在资金资源的配置方面，合理的规划设计有助于优化乡村地区的资金流向和配置模式。乡村振兴需要大量资金的投入，而传统的资金配置模式可能会导致资金使用效率不高的问题。通过科学的规划，可以将资金投入的重点放在最具潜力的领域，并制订详细的资金使用方案，以此提升资金的利用效率。例如，通过规划，政府可以制定不同项目的优先级，将有限的财政资金用于急需的基础设施建设、公共服务改善等方面，从而产生最大的经济和社会效益。同时，规划设计还可以吸引外部资金流入乡村地区，借助社会资本、私人投资等方式，实现资源的多元化配置。合理的资金规划不仅有助于提高资源利用效率，还能为乡村地区的发展创造更多的经济机会，增强乡村经济的可持续性。

劳动力资源的合理配置同样需要规划设计的支持。乡村地区常常面临劳动力外流、人才短缺的问题，如何将现有的劳动力资源进行优化配置，关系到乡村经济的活力与发展。通过科学的规划，可以根据乡村地区的产业特点和发展需求，制定劳动力引导政策，合理配置各类劳动力资源。规划设计可以通过引入职业培训、技能提升等项目，帮助乡村劳动力获得更多的就业机会，并提升其技能水平，为乡村经济发展提供高素质的人才保障。此外，规划设计还可以促进乡村劳动力的合理流动，通过产业链的延伸和产业结构的升级，为乡村劳动力提供更多的就业渠道，使其能够在家乡找到适合的工作岗位，从而减少劳动力外流，增强乡村社会的稳定性。

除了土地、资金、劳动力等传统资源，现代化的规划设计还可以在信息、技术等新型资源的配置上发挥作用。随着信息技术的快速发展,信息资源已经成为一种重要的生产要素,合理利用信息资源能够提升乡村的生产效率和竞争力。通过规划设计,可以帮助乡村地区建立信息化基础设施,推动数字化、智能化建设,使乡村居民能够更方便地获取信息资源。信息资源的高效配置可以促进乡村与外界的沟通,增强乡村经济的开放性与竞争力。同时,规划设计还可以帮助乡村地区引入先进技术,如智慧农业、生态保护等领域的技术,从而提升乡村的生产力水平。技术资源的合理配置有助于推动乡村产业的升级转型,为乡村经济发展注入新的动力。

合理的资源配置不仅可以提升乡村经济的活力,还有助于改善乡村的生态环境。在资源配置过程中,规划设计可以综合考虑生态环境的承载力,避免对环境造成过度负担。通过对土地、水资源、森林等自然资源的合理规划,可以保护乡村的生态系统,使资源的利用更加可持续。此外,规划设计还可以引导乡村地区采用低碳环保的生产方式,减少资源浪费和污染排放,实现经济发展与生态保护的协调发展。

二、改善人居环境

改善农村人居环境是实现乡村振兴的重要环节。通过科学的规划设计,能够有效提升农村居民的生活条件,增强乡村的吸引力,这不仅有助于留住人才,也能进一步提升农村整体的生活质量。在推进农村建设的过程中,合理的规划设计能够从基础设施、生态环境、公共服务等多个方面入手,实现生活环境的全面改善,使得农村不再仅是劳动的场所,更成为一个宜居的生活空间。

从基础设施建设的角度来看,良好的规划设计可以使得农村地区的水、电、路等基础设施得到合理配置。水资源的合理利用和清洁水源的保障是改善生活条件的核心一环,而科学的规划可以确保饮用水的质量和供应的持续性。电力系统的合理分配和电网的稳定性建设,能够满足农村地区日常生活和生产的用电需求。道路和交通网络的完善将有效改善出行条件,使居民的生活更加便捷。对基础设施进行全方位的提升,不仅增强了农村生活的便利性,还为其他各项建设奠定了坚实的基础。

在生态环境方面,科学的规划设计能够引导农村地区的绿色发展。通过加强生态保护和环境治理,减少污染源排放,农村可以实现可持续发展的目标。在此过程中,采取生态恢复手段,如植树造林、河流治理、湿地修复等,能够有效改善农村的自然环境,为居民提供一个健康的生活环境。绿色空间的规划和利用,可以为居民提供更多的休闲和娱乐场所,使得农村环境更加宜人。这种以生态为基础的规划设计,能够在保持生态平衡的同时,实现农村与自然的和谐共生,让居民享受更健康的生活方式。

与此同时,农村公共服务的改善也至关重要。科学的规划设计可以引入多元化的服务设施,包括教育、医疗、文化、养老等各个领域,使得农村居民能够享受到与城市居民相近的服务资源。教育设施的完善不仅有助于提高当地居民的素质,也能够为年青一代提供更好的发展条件,从而减缓农村人口的外流现象。医疗设施的引入和卫生服务的普及,将使得农村居民的健康水平得到显著提升,减少因健康问题导致的生活不便。文化设施的建设则能够丰富居民的精神生活,增进社区凝聚力,培养居民对农村生活的归属感。养老设施的完善,则是对老龄化社会的回应,确保老年人能够在农村度过舒适、安定的晚年。另外,科学的规划设计还能提升农村住宅的建筑品质。传统的农村住宅往往在通风、采光、隔音等方面存在不足,影响居民的居住舒适度。通过合理设计,可以优化建筑结构,使得住宅内部空间更加合理,满足现代化生活的需求。在保留农村传统建筑风格的同时,加入现代化的设计理念,将功能性与美观性相结合,使得农村住宅不仅成为居住的空间,更成为生活品质的体现。这种设计方式不仅提升了居民的生活舒适度,还能够吸引外来人口,对农村地区的长远发展起到积极作用。

改善农村人居环境的意义还在于提升居民的整体幸福感。一个良好的生活环境可以增强居民对生活的满意度,进而提高其对乡村的归属感和认同感。当生活条件得到改善,农村居民会更加珍惜并维护身边的环境,形成良性的生活和居住习惯,这种行为的累积将进一步推动乡村生活质量的提升。此外,生活环境的改善也会吸引曾经离开的年轻人返乡,推动农村社会的稳定和发展,为乡村注入新鲜的活力。生活环境的提升并不仅限于外在条件的改善,更是在心理层面上对居民的激励,使得他们能够感受到生活的品质,从而进一步坚定扎根乡村的意愿。

通过科学的规划设计来改善人居环境,还可以促进农村经济的发展。一个宜居的环境吸引的不仅是人力资源,还会带动资本的流入,为农村提供更多的发展机会。生活环境的改善,能够推动相关产业的发展,如生态旅游、休闲农业等。这些产业不仅能够为当地居民带来经济收益,也有助于乡村特色产业的形成,增强农村的吸引力和竞争力。经济的发展反过来又能够进一步支持基础设施和公共服务的建设,形成一种良性循环,使得农村的生活质量和环境条件不断提升。

改善农村人居环境是实现乡村振兴的关键。通过科学的规划设计,从基础设施、生态环境、公共服务、居住质量等方面着手,可以大大提升农村居民的生活条件,使得农村不再仅是一个居住和劳动的空间,而是一个充满生机和希望的生活场所。这种改善不仅能留住人才,也能吸引外来人口,从而推动农村的全面发展。在这一过程中,农村居民不仅仅是被动的受益者,他们也是建设美好家园的参与者和维护者。

三、促进产业融合发展

规划设计在推动乡村产业融合发展方面扮演着关键角色,能够有效促进第一产业、第二产业和第三产业的协同发展,为乡村经济创造出多样化的增长路径。产业融合并非简单的产业并列,而是一种深度的资源整合与价值延伸。在规划设计的指引下,乡村可以通过整合农业、旅游和文化产业等多种资源,实现资源的优化配置,使各产业在发展过程中形成一种良性的互动关系,推动经济的可持续发展。规划设计所体现的多层次、多维度的协调与布局,通过合理的空间资源配置和功能分区,不仅能够加强不同产业之间的合作,还可以实现资源的最大化利用,避免单一产业的波动对乡村经济带来的冲击,保障经济结构的稳定性。

在乡村旅游、文化产业与现代农业的结合中,规划设计首先可以引导乡村资源的合理开发。乡村旅游作为一种既传统又新兴的产业形式,以自然风光、田园风情和生态资源为核心,具备吸引外来游客和刺激消费的潜力,而现代农业则通过引进先进的种植技术、提高农产品的产量和质量,为乡村经济发展提供了坚实的基础。同时,文化产业的融入,不仅能够使乡村的旅游体验更加丰富,还能够增强乡村的独特性和吸引力。在这一过程中,规划设计扮演着关键的角色,利用多学科的融合思维,对资源的利用进行统筹规划,使得农业、旅游和文化能够有机融合,形成具备区域特色的产业体系。

产业融合的发展模式不仅仅是对空间的优化配置，更是对产业链的延伸和价值的再造。在产业链的构建中，规划设计通过对各类产业的前端和后端资源进行布局，使乡村产业链条得以延伸，从而提升附加值。具体来说，现代农业作为基础产业，通过种植、养殖等活动提供农产品，而在旅游业和文化产业的带动下，这些农产品可以被赋予更多的文化内涵和市场价值。例如，通过将农产品与乡村旅游相结合，可以开发出具有地方特色的旅游产品，为游客带来丰富的体验。同时，文化产业的介入，能够赋予乡村产品更多的内涵和价值，使游客在享受农产品的同时，感受到当地的文化氛围。在这样的背景下，农业不仅仅是一个生产过程，还成了一种体验、一种文化的象征，这种多重价值的叠加，极大地拓宽了乡村经济的发展路径。

规划设计可以在促进各产业协调发展的同时，推动乡村经济的结构优化。在传统的乡村经济模式中，往往依赖于单一的农业生产，这使得乡村经济的抗风险能力较低，难以应对市场环境的变化。而通过一二三产业的融合，乡村可以在多产业的支持下形成多元化的经济结构。这种结构的优化，使得乡村在面对经济环境波动时，能够保持较强的韧性。同时，规划设计在其中的指导作用，通过科学的布局和合理的资源配置，使得各个产业能够在协调中共同发展，形成互利共生的经济体系。在这一体系中，第一产业能够为第二产业、第三产业提供原料和基础，第二产业则通过加工增值提高产品的市场竞争力，而第三产业作为消费终端，为前两者提供市场和服务的支持。各产业的相互支撑和作用，最终实现产业链的延伸和经济效益的最大化。此外，产业融合带来的就业机会也是推动乡村发展的重要动力。在规划设计的支持下，产业的多样性能够吸引不同类型的人才回流乡村，为乡村的发展注入新的活力。现代农业的科技化要求使得农业生产不再仅依赖于传统的劳动力，而是需要具有科技和管理技能的专业人才。同时，乡村旅游和文化产业的兴起，为服务行业、文创行业等带来了更多的就业岗位。这种多样化的就业形态，使得乡村不再是单纯的农业生产基地，而是逐步转变为集生产、服务、文化为一体的综合经济体。而规划设计则在这一过程中，通过合理的空间布局和功能分区，为不同产业的有序发展提供了基础保障。

产业的融合发展还促进了乡村的社会文化和生态环境的和谐共生。在现代化的推动下,农业生产效率的提高、文化产业的传播和旅游业的繁荣,为乡村带来了经济收益的同时,也提升了当地居民的生活质量。同时,通过合理的规划设计,能够在保护乡村原有生态环境的基础上,促进各产业的可持续发展。这不仅保障了乡村自然资源的可持续利用,还通过文化的传承和传播,增强了乡村社区的凝聚力和认同感。在这一过程中,乡村产业的多样化和融合发展,使得乡村逐步具备了现代化的产业特征,但又不失其传统的文化底蕴,从而实现经济发展与生态保护、文化传承的多重目标。

第二章　乡村规划设计的理论基础

乡村规划设计是推进宜居宜业和美乡村建设的重要前提。本章将详细探讨乡村规划的基本概念与原则，结合城乡协调发展理论、可持续发展理论等相关学说，分析其在乡村振兴中的应用与发展。随着城市化进程的加快，城乡差距和资源配置的不平衡成为亟待解决的问题。因此，如何通过规划设计促进城乡协调、实现可持续发展，已成为当前研究的热点。通过对规划设计理论的深入剖析，本章为乡村规划设计的实际操作提供了理论指导和实践框架。

第一节　乡村规划的基本概念与原则

一、乡村规划的定义

乡村规划的定义涉及多个层面，是一项在尊重自然生态环境、维护农村地域文化的基础上，优化乡村空间、合理配置资源、科学设计设施的综合性规划活动。其核心在于围绕乡村的发展需求和特征，通过科学的方法和系统的布局，构建既符合现代化要求又符合乡村特色的可持续发展格局，促进乡村的经济繁荣、社会和谐和生态健康。

乡村规划首先体现在对空间的合理布局上，这是乡村发展的重要前提。在规划过程中，需要对乡村地区的土地进行合理分配，将居住、农业生产、生态保护等功能分区科学划分，以便在不破坏自然生态的前提下，最大化土地的利用效率。通过合理规划居住区、农业区、生态保护区等功能分区，可以确保乡村空间的有序利用，并为居民提供更宜居的生活环境。这种空间上的合理布局，不仅能够提升乡村的基础设施建设水平，还能减少对自然资源的浪费，避免过度开发带来的生态破坏和资源枯竭等问题。

在资源利用方面，乡村规划致力于确保各类资源的有效配置与科学管理。乡村地区往往拥有丰富的自然资源，如土地、水资源和生态环境等，在规划过程中，必须充分考虑到资源的承载能力和可持续性。通过科学的规划设计，避免过度开采和浪费，同时提高资源利用效率。合理利用土地资源以满足农业生产的需求，科学配置水资源来保障农业灌溉和居民生活用水，是乡村规划的核心内容之一。在资源利用过程中，还要兼顾生态环境的保护，确保在资源开发的同时，减少对生态系统的负面影响，从而实现资源的可持续利用。

设施建设是乡村规划的另一个重要组成部分，关系到乡村的基础设施、公共服务设施和生态保护设施的科学布局与协调发展。乡村地区的基础设施规划不仅仅包括道路、供水系统、排水系统、垃圾处理设施等，还涵盖电力、通信等现代化设施的建设。合理规划这些基础设施，不仅有助于提升乡村的生活质量，还能够促进乡村的经济发展。公共服务设施如教育、医疗和文化设施的合理分布，则能够满足乡村居民的基本生活需求，增强社区凝聚力。在此基础上，还需要对生态保护设施进行科学的规划，建设如湿地公园、绿化带等生态设施，以保护乡村地区的自然环境。

在经济发展方面，乡村规划的目标是推动乡村的经济结构优化和产业升级。在传统农业的基础上，通过合理的规划引导，逐步发展特色农业、休闲旅游业等新兴产业，以拓宽乡村经济的多元化路径。对于农业资源丰富的地区，可以通过科学的规划设计，引导现代化农业的可持续发展，推动农业生产效率的提升。在有旅游资源的地区，则可以通过对乡村特色文化的保护和利用，发展生态旅游、文化旅游，带动乡村经济的繁荣发展。同时，经济发展的规划还要与基础设施的建设和公共服务的完善相协调，确保经济发展能够惠及所有居民，实现乡村整体发展的平衡。

在社会方面，乡村规划注重人文环境的改善和社区的和谐建设。乡村社会的发展不仅关乎经济和基础设施，更关乎居民的生活质量和幸福感。在规划过程中，需关注乡村的文化传承和居民的生活需求，通过合理的设计提升人居环境，营造良好的社区氛围。具体来说，要重视乡村传统文化的保护与发扬，保持乡村的独特风貌和文化认同感，增强居民对乡村的归属感。同时，通过合理的居住区规划、完善的公共设施布置，改善居民的生活条件，增强社区的凝聚力和互助精神，构建和谐的乡村社会。

在生态方面,乡村规划的核心是保护自然生态环境,确保乡村发展的同时不损害环境的可持续性。规划工作需立足于生态优先的原则,将环境保护作为一切发展的基础。在乡村规划中,应采取多种措施保护自然生态系统,防止水土流失、植被破坏和生物多样性减少等环境问题。通过加强乡村绿化、建立生态保护区和湿地公园等手段,可以有效改善乡村的生态环境,增强生态系统的韧性,为乡村居民提供更健康的生活环境。同时,在农业生产和产业发展的过程中,也应注重生态友好型技术的应用,确保经济效益和生态效益的双赢。

乡村规划是一项涉及空间布局、资源利用、设施建设、经济发展、社会建设和生态保护的综合性工程。其核心是通过科学合理的规划和设计,促进乡村的可持续发展,为乡村居民创造一个宜居、富裕、和谐的生活环境。乡村规划不仅关系到乡村的经济繁荣和生态健康,也关乎社会的和谐稳定。

二、乡村规划的目标

乡村规划的目标涵盖了多重维度,以全面提升乡村的社会、经济、文化和生态环境,从而促进乡村可持续发展与繁荣。乡村人居环境的改善是实现这一目标的核心部分,良好的生活环境不仅能够吸引人口留住,更能够为乡村居民提供健康、安全和舒适的居住条件。通过改善基础设施,包括水电路的供应与改造、卫生设施的完善,以及信息网络的覆盖,乡村居民可以享受到与城市相对等的生活便利。这种环境的优化将为乡村居民创造更好的工作与生活条件,同时也可以吸引有识之士返乡,为乡村注入新的活力。此外,绿化建设和环境保护措施也是提升人居环境的重要组成部分,确保乡村区域的自然风貌得以保持,同时避免污染的扩散,营造出生态友好型的生活环境。

乡村规划的另一目标是提高居民的生活质量,这不仅仅包括物质生活的丰富,更强调精神生活的提升。在乡村规划中,教育资源的优化配置和医疗卫生体系的完善尤为重要,为乡村居民提供便捷、高质量的教育与健康保障。通过教育资源的均衡发展,特别是在偏远农村地区建设更多学校或远程教育设施,孩子们可以享受到高质量的教育,从而在未来有更多发展机会。在健康保障方面,医疗资源的扩展可以让乡村居民获得及时的健康服务,减少疾病对生活质量的威胁。除了教育与医疗,乡村规划还注重公共文化服务设施的建设,以丰富乡村居民的精神文化生活。这种投入不仅仅是改善物质条件,更是培养人们对生活的满足感和幸福感,从而提高整体生活质量。

乡村特色文化的保护也是乡村规划中的重要一环。随着全球化与城市化进程的推进,乡村的传统文化逐渐受到现代文化的冲击,甚至出现消亡的风险。通过乡村规划,有计划地保护并传承地方特色文化,可以确保这些宝贵的非物质文化遗产得到延续。乡村传统文化包括语言、手工艺、民俗、节庆等方面,在保护的过程中,通过将这些文化融入现代生活中,不仅可以增强乡村居民的文化认同感,还可以吸引外来游客,为乡村带来经济收益。此外,文化的保护也有助于乡村在现代化的进程中保持其独特性,形成与城市文化的互补关系,从而增强乡村的吸引力与竞争力。

促进乡村经济的多样化发展是乡村规划的核心目标之一。传统的乡村经济模式多以农业为主,单一的经济结构导致乡村在经济发展中受制于市场波动以及自然灾害的影响。通过乡村规划,推动乡村经济向多元化发展,可以有效提升乡村的经济抗风险能力。在发展农业的基础上,鼓励乡村发展特色产业、旅游业及现代服务业,能够为当地居民提供更多就业机会,增加收入来源。比如通过鼓励发展乡村旅游、绿色农业和手工艺产业,不仅可以带动当地经济发展,还能有效利用乡村的生态资源与人文资源,实现可持续经济增长。多元化的经济结构将使乡村更具活力,帮助乡村居民在新的经济模式下适应发展需求,提升整体经济水平。

推动城乡统筹发展,实现城乡一体化是乡村规划的长期战略目标。城乡差距一直是社会发展的一个重要问题,而通过科学的乡村规划,促进城乡资源的相互流动与优化配置,可以逐步缩小这一差距。在城乡一体化的进程中,通过加强城乡之间的基础设施联通,推进社会服务的均等化,乡村地区可以享受到与城市相同的资源和服务。同时,城乡统筹还包括在经济政策上的协调,使乡村能够在发展中享受到更多政策红利,从而加快乡村振兴的进程。城乡统筹还能够增强乡村的自我发展能力,通过吸引城市资源、技术和人才,为乡村的发展提供持续动力。通过这样一种城乡之间相互支援、共生发展的模式,可以实现乡村与城市的共同繁荣,推动整体社会经济的平衡发展。

在乡村振兴的背景下，乡村规划作为一个系统工程，具备了综合性、创新性和实践性的特点。乡村振兴不仅仅是经济的增长，更是社会的全面提升，乡村规划作为实现这一目标的主要途径，不断深化、细化和优化。

三、乡村规划的主要内容

乡村规划的主要内容涵盖乡村空间布局、基础设施建设、生态环境保护和产业布局等方面，目的是通过科学的资源配置，优化乡村的生产、生活和生态空间，创造一个具有可持续发展能力的乡村环境。乡村空间布局是乡村规划的基础，科学的布局有助于实现资源的集约利用，使人居环境与自然环境协调发展。通过对乡村土地进行合理划分，不仅可以增强村落的内聚力和辨识度，还能有效避免无序的土地利用现象，使乡村整体发展规划更具连贯性。合理的空间布局需要考虑各类土地的用途，例如住宅、农业、生态保护区等，确保每一块土地都能发挥最大的效能。同时，空间布局应当符合当地的地形地貌特征，因地制宜，最大限度地减少对生态系统的干扰。

基础设施建设是乡村发展的硬件基础，涵盖了道路交通、电力供应、供水排水、通信网络等各方面的内容。优质的基础设施不仅能够提升乡村居民的生活质量，还能吸引外部资源和人才流入，进一步促进乡村经济的发展。对于乡村而言，完善的交通设施可以大幅改善村民的出行条件，缩短乡村与城市之间的时间距离，使资源、技术、信息的流动更加便捷，从而增强乡村与外界的联通性。同时，稳定的电力供应和供水系统可以保障生产活动的顺利进行，而现代化的通信网络则可以为乡村居民提供丰富的社会信息和娱乐资源，使其更好地融入现代社会。乡村基础设施的提升不仅仅是物质层面的改善，更是城乡融合发展的重要抓手。

生态环境保护在乡村规划中具有不可忽视的地位。乡村作为自然生态系统的重要组成部分，承担着生态涵养和生物多样性保护的功能。通过加强生态环境保护，乡村规划能够为后代留下一片蓝天绿水的自然资源，这也是实现可持续发展的关键所在。在乡村规划中，生态环境保护的任务不仅仅是保护现有的生态资源，还包括恢复和重建已经遭到破坏的生态系统。通过对水源、森林、草地等重要生态资源的保护，乡村能够保持生态平衡，减少自然灾害的发生，同时为乡村居民提供优质的生活环境。此外，生态保护还可以促进绿色经济的发展，例如生态农业、旅游业等，使乡村在保护环境的同时实现经济增长。

产业布局是乡村发展的重要支撑。乡村规划需要根据不同乡村的资源禀赋和区位优势，制定适合的产业发展战略，以实现经济的可持续增长。在现代乡村建设中，传统农业的比重逐渐减少，乡村产业结构也在逐步调整。通过合理的产业布局，可以激发乡村内在的发展活力，提升经济的整体竞争力。产业布局不仅要考虑乡村的经济效益，还要注重产业之间的协调性，实现多元化发展。合理的产业布局能够将乡村的生产活动与生态保护有机结合，减少资源浪费和环境污染，推动乡村的绿色发展。与此同时，产业布局还应当关注产业链的延伸和价值链的提升，鼓励乡村进行产品加工和品牌创建，以提高附加值，实现产业的集聚效应。

乡村规划通过对空间布局、基础设施建设、生态环境保护和产业布局的系统性设计，力求在生产、生活和生态之间建立平衡，形成宜居、宜业、宜游的乡村环境。在这一过程中，资源的合理配置和高效利用至关重要。通过科学规划，可以避免资源的过度消耗和环境的破坏，为乡村提供一个稳定的发展基础。同时，乡村规划也注重提升乡村居民的幸福感和获得感，使其能够享受到与城市相当的生活条件，增强其对乡村的归属感。

第二节　城乡协调发展理论

一、城乡协调发展的概念

城乡协调发展是指在经济、社会和生态各个领域实现城乡之间的和谐发展，使农村和城市相互依存、共同发展。这一概念的提出旨在通过合理配置资源、优化政策支持、加强基础设施共享，促进城乡间的平衡发展，进而达到共同繁荣的目标。城乡协调发展的核心在于解决城乡发展不平衡问题，通过推动资源、资本、人才和信息等要素在城乡间的合理流动，创造一个相互依托、共同发展的格局。

城乡协调发展的首要目标是缩小城乡之间的经济差距。随着经济全球化和城市化进程的加快，城市在经济发展方面得到了优先发展的机会，城市居民的生活质量显著提高，然而农村地区却在经济收入、就业机会和生活条件等方面与城市形成了巨大反差。这种差距不仅影响了社会的和谐与稳定，也对国家的整体经济发展产生了不利影响。通过城乡协调发展，政策制定者力求通过一系列政策手段，引导资金、技术和人才向农村流动，激发农村经济活力，使农村居民也能享受到现代化发展的成果。

城乡协调发展强调社会公平。在城乡协调发展过程中，社会公平是一个核心价值。城市居民和农村居民在教育、医疗、社会保障等基本公共服务方面应享有平等的权利。然而，由于经济发展水平的差异，农村地区的教育和医疗设施相对落后，社会保障体系不健全，农村居民在享受公共服务方面与城市居民存在明显差距。城乡协调发展的重要目标之一就是通过加大对农村地区的公共服务投入，提升农村的教育和医疗服务水平，健全社会保障体系，使城乡居民能够共享发展成果，从而实现社会的公平与正义。

生态协调发展也是城乡协调发展的重要内容。随着工业化和城市化的推进，城市地区在资源消耗和环境污染方面存在较大压力。城乡协调发展要求在保护自然资源和生态环境的前提下，促进城乡之间的和谐发展。这意味着必须在城市和农村地区之间形成一种可持续的资源利用模式，鼓励绿色发展和低碳经济，减少城市对资源的过度依赖，同时推动农村地区的生态保护和环境治理。城乡之间的生态联系也是确保生态平衡的重要因素，因此需要建立城乡协同的生态保护机制，共同维护生态系统的健康与稳定。

城乡协调发展的实现需要多方面的政策支持和资源投入。政府在促进城乡协调发展中扮演着重要角色。通过政策制定和资源调配，政府可以在城乡之间建立有效的资源流动和分配机制。首先，政策制定应针对城乡差异，建立对农村地区的扶持政策，尤其是在基础设施建设、产业发展和公共服务方面加大投入，使农村地区的发展条件逐步改善。其次，还需通过财政转移支付、税收优惠等手段，加大对农村经济的支持力度，缩小城乡之间的发展差距。

实现城乡协调发展还需要社会各界的共同参与。城乡协调发展不仅仅是政府的职责，企业、社会团体以及广大城乡居民都应积极参与其中。企业在发展过程中可以通过产业转移、投资农村基础设施建设、开展扶贫开发等形式，助力农村经济的发展。同时,城乡居民之间的互助互信也有助于城乡关系的和谐发展。鼓励城市居民深入了解农村、支持农村发展,不仅能够促进城乡之间的文化交流和理解,也有助于培养城乡居民之间的情感纽带,为城乡协调发展提供更为坚实的社会基础。

城乡协调发展理念的推行也要求在城乡间建立共生关系。城市和农村并非相互割裂的独立空间,而是有着紧密联系的整体。城市依赖农村提供的农产品、生态资源以及劳动力,而农村则依赖城市提供的技术、资本和市场。城乡协调发展通过促进城乡要素的双向流动,推动二者在相互依赖中共同发展。例如,城市可以通过建设绿色产业带,支持农业现代化,使农村地区也能够从经济增长中受益。同时,农村居民的生活水平提高、消费能力增强,也能够为城市经济的发展提供动力。这种城乡间的共生关系不仅可以促进经济的协调发展,也能够在一定程度上缓解城乡社会矛盾,为整个社会的发展奠定更为稳固的基础。

二、城乡协调发展的关键要素

城乡协调发展的关键要素在于建立一套全面、可持续的政策体系,以支持资源在城乡之间的高效流动,确保城乡基础设施的共建共享,实现城乡产业的互补与协同发展。政策保障是城乡协调发展的根基,要求政府在政策制定上保持开放性和前瞻性,为城乡一体化提供稳定的制度框架。通过合理的政策导向,鼓励城市的资金、技术和人才资源向乡村倾斜,帮助农村地区克服发展瓶颈,推动乡村经济的现代化进程。此外,政策的实施也需灵活,应根据不同地区的实际情况制定适合的政策措施,以满足城乡差异化发展需求,确保城乡发展能在公平、公正的环境下同步前进。

资源整合是推动城乡协调发展的另一重要环节。城市和乡村在资源分布上各具优势,通过建立资源整合机制,可以最大化地利用彼此的资源禀赋,提高整体效率。资源整合不仅局限于物质资源,还涵盖人力资源、信息资源和技术资源等。城市的技术创新能力和信息资源可以有效支持农村的产业升级和现代化转型,而乡村的生态资源和文化资源则可以丰富城市的社会文化生活,为城市居民提供多样化的生活体验。通过资源整合,城乡之间可以形成资源共享、优势互补的局面,为城乡居民提供更多的发展机会和更好的生活条件。同时，在资源整合过程中，政府和社会各界应建立一套公平、公正的资源配置机制，确保资源的合理流动，不会因资源不均而导致城乡发展失衡。

基础设施的共建共享是城乡协调发展的重要支撑。基础设施包括交通、通信、能源和公共服务设施等，是经济发展和社会进步的重要基石。城乡基础设施的共建共享，要求将城市先进的基础设施逐步延伸到农村地区，提高乡村的基础设施水平，从而缩小城乡之间的基础设施差距。城乡基础设施的互联互通，不仅可以便利城乡之间的经济和人员往来，还能提高乡村的公共服务质量，改善乡村的生活环境，提升居民的生活质量。共建共享的基础设施网络，有助于打破城乡之间的空间障碍，让乡村居民享受与城市居民同等的基础设施服务，从而为城乡融合发展提供坚实的物质保障。

在产业互补方面，城乡协调发展需要充分发挥城乡各自的产业优势，实现产业的协调发展。城市作为经济中心，拥有较高的技术水平和丰富的资本资源，而乡村则拥有丰富的自然资源和独特的生态环境。通过产业互补，城市可以将其工业和服务业的部分生产环节延伸至乡村，实现成本节约和效益提升，而乡村也可以依托其资源优势发展特色农业、生态旅游等产业，为城市提供优质的农产品和服务。产业的互补协同，不仅可以带动乡村经济的发展，增强乡村的自我发展能力，还可以满足城市居民对绿色食品、生态环境的需求，促进城乡之间的经济互动与合作。

通过优化资源配置，城乡可以实现更为高效的发展路径，提高资源利用效率。资源配置的优化不仅体现在物质资源的有效利用上，还涉及人力、技术、资本等多方面的综合协调。城乡资源配置的优化需要政府主导，合理引导市场力量，打破城乡之间的资源壁垒，促进资源的自由流动和有效配置。资源配置优化的过程也涉及城乡人才的双向流动，鼓励城市人才下乡创业，为农村注入新的发展动力，同时也为城市带来乡村资源的回流，实现城乡经济的互动发展和均衡增长。

在政策支持、资源整合、基础设施共建共享和产业互补的协同作用下，城乡融合发展的步伐将得到加速。这不仅有助于激发乡村经济活力，增强乡村的自我发展能力，还能推动城乡社会经济的良性循环。通过城乡协调发展，城乡之间的差距可以逐渐缩小，城乡居民的生活水平将更加趋于一致，城乡融合的社会结构也将更加稳固。这一进程中，政府的引导和扶持起着至关重要的作用，社会各界的共同努力和参与也不可或缺。

第三节　可持续发展与生态文明建设

一、可持续发展的概念

可持续发展是一种追求社会、经济和环境之间平衡的理想发展模式。其核心理念在于既要满足当代人对资源和生活条件的需求，又要确保后代人能够同样拥有满足其需求的能力。具体到乡村规划中，可持续发展不仅仅是一个理论框架，它更是一种实践要求，要求规划者在乡村发展的各个层面上，都能够深刻考虑资源的合理利用和环境的保护。这一理念体现了人与自然的和谐共生，也反映了社会对未来负责任的态度。在乡村规划中，要明确这种平衡的意义，并通过具体的规划手段和策略，确保资源得到高效的使用，环境得到有效的保护，同时经济与社会的需求也能够得到充分满足。

在乡村规划过程中，资源的合理利用是可持续发展的关键一环。乡村的资源通常具备丰富性和独特性，例如土地、自然景观、水源和生物多样性等，这些资源不仅支撑着乡村的经济发展，也构成了乡村文化和社会发展的基础。然而，乡村的资源开发往往面临着过度消耗和不当利用的问题。一方面，由于缺乏有效的管理和规划，一些地方可能会出现过度开垦土地、过度开发水资源、过度捕捞等问题；另一方面，乡村的生态环境也面临着由于人口增长和城市化进程加快所带来的压力。因此，如何在保证乡村经济社会发展需求的同时，做到资源的合理利用，成了一个迫切需要解决的问题。

合理利用资源不仅仅是避免浪费，更要注重资源的高效利用。在乡村规划中，可以通过优化土地使用、促进农业多样化、提高水资源的使用效率、保护和合理开发生态资源等手段，来实现资源的最大化利用。乡村的土地作为基础性资源，其利用方式对乡村发展的影响深远。在不破坏土地生态的前提下，合理安排土地的用途，如农业、林业、旅游业等，是实现乡村可持续发展的基础。农业的多样化则能够有效减少对单一资源的依赖，并通过种植不同的作物、发展生态农业等方式，保持土地的肥力和生态平衡。

水资源的合理利用则是乡村可持续发展中的又一重点。很多乡村地区水资源稀缺或分布不均，如何确保水资源的有效利用、避免浪费，并同时满足农业灌溉、生活用水等多方面的需求，是规划中的重要任务。通过合理的水资源管理，如节水灌溉技术、雨水收集利用等措施，能够有效减少水资源的浪费，并提高水资源的利用效率。

环境保护是可持续发展的另一个核心要素。在乡村规划中，环境保护不仅是对自然生态的保护，也是对乡村居民生活质量的保障。随着工业化和城市化进程的推进，许多乡村地区面临着生态退化、污染加剧等环境问题。污染物排放、农业化肥和农药使用过量等问题都对乡村的自然环境造成了威胁。这些环境问题不仅影响乡村的生态功能，也直接关系到居民的健康和生活质量。因此，乡村规划必须强调环境保护，采取有效措施减少污染排放、加强生态恢复、提高生态环境的自我修复能力。

环境保护并不仅限于控制污染排放，它还需要通过恢复和保护生态系统来维持生态平衡。例如，在一些自然资源丰富的乡村地区，可以采取生态农业模式，以减少化肥和农药的使用，恢复土壤肥力；在水资源丰富的地方，可以通过建设湿地保护区、水源地保护等措施来保护水生态系统的多样性。在生态恢复方面，乡村规划应当注重植被恢复和自然景观的保留，以增强乡村生态系统的稳定性和恢复力。

除了资源利用和环境保护，乡村的社会经济发展也是可持续发展的一个重要方面。乡村的经济发展不仅要依赖资源的开采和使用，更要依赖创新和产业多元化。只有将农业与其他产业有效结合起来，推动乡村产业的多元化，才能提升乡村的综合竞争力和发展潜力。发展旅游业、文化产业、绿色能源等新兴产业，是乡村可持续发展的重要途径。与此同时，乡村的社会建设也同样重要，乡村规划应关注教育、医疗、文化、交通等基础设施建设，提升乡村居民的生活质量，缩小城乡差距，促进乡村的全面发展。

在这一过程中，政府的角色至关重要。政府应通过制定科学的政策、法律法规以及激励措施，引导乡村合理利用资源、保护环境，并推动乡村经济的可持续发展。

政策不仅要为乡村的发展提供方向，也要为其提供必要的资金支持和技术援助，帮助乡村建设绿色、低碳、可持续的未来。与此同时，乡村规划应当广泛吸纳当地居民的意见和建议，确保他们在规划过程中的参与感和获得感，从而提高规划的执行力和效果。

乡村规划中的可持续发展不仅仅是资源的合理利用和环境的保护，更是社会、经济、文化各个方面的协调发展。它要求在发展经济的同时，保持生态环境的健康，确保资源的可再生性和长期可用性。在这个过程中，需要政府、企业、居民等各方共同努力，推动乡村走上绿色、低碳、可持续的道路，实现与自然和谐共生，并为未来的乡村建设提供坚实的基础。

二、生态文明建设的意义

生态文明建设是关系中华民族永续发展的根本大计。生态文明建设不仅是对环境保护的呼唤，更是对人类社会与自然关系的一次深刻反思。在全球化进程加快、工业化和城市化步伐不断推进的背景下，人与自然的关系逐渐显现出不和谐的现象，生态环境的恶化、资源的过度消耗、气候变化的加剧等问题日益严峻。面对这些挑战，生态文明建设作为一种系统性的战略思想和发展模式，逐渐成为解决现代社会生态危机的有效途径。它不仅强调生态环境的保护，更关注在这一过程中如何实现经济、社会与环境的协调发展，最终实现人与自然的和谐共生。

生态文明建设的意义，体现在其为生态环境保护提供了坚实的理论基础和实践指南。在现代化进程中，工业化、城市化的发展模式往往依赖于对自然资源的过度开采和消耗，造成了大量的环境污染和生态破坏。传统的发展方式追求短期的经济增长，而忽视了资源和环境的承载能力，导致了诸如空气污染、水资源短缺、土壤退化、物种灭绝等一系列严重的环境问题。而生态文明建设则提出，经济社会发展必须与生态环境的可持续性相结合，要求从根本上转变人类的生产方式和生活方式，推动绿色低碳发展。通过采取可持续的资源利用方式、绿色技术创新、生态补偿机制等措施，逐步实现经济发展与生态环境保护的良性互动，推动生态环境的恢复与改善，为人类社会提供一个健康、和谐的生存空间。

生态文明建设为可持续发展提供了理论和实践保障。可持续发展是人类社会在面临资源紧张和环境危机时提出的发展模式，它要求在保证当前发展需求的同时，不损害后代人满足其需求的能力。而生态文明建设则为这一目标的实现提供了具体的路径。在全球资源有限、环境脆弱的背景下，传统的粗放型、外延式增长模式已无法满足经济和社会的长远需求。因此，必须转变为绿色发展的方式，即发展节约型、环保型、低碳型的经济。在这一过程中，生态文明建设为社会发展注入了新的动力，强调通过提高资源使用效率、减少浪费、循环利用等方式来达到经济增长与环境保护的平衡。同时，生态文明建设还强调在全社会范围内形成绿色、低碳的生产和消费模式，推动全员参与，促进经济、社会、环境的三重可持续性，确保未来代际的需求能够得到满足。

生态文明建设还具有促进社会公平与正义的作用。随着全球生态环境问题的日益严重，社会资源的分配不均、环境负担的差异化以及环境治理的难度加大，社会不公平和不公正问题愈加显著。生态文明的构建不仅仅是自然环境的保护，它还关涉如何通过合理的资源分配和生态补偿机制，实现社会成员之间的公平与正义。通过对贫困地区、边远地区的生态环境修复、资源共享以及发展机会的均等化，能够有效地缩小社会阶层之间的差距，提升社会整体的幸福感和稳定性。生态文明建设倡导绿色发展，强调生产和消费的绿色转型，以公平合理的方式分配生态资源和发展机会，进一步促进社会的整体和谐。此外，生态文明建设在全球化的今天具有深远的国际意义。全球环境问题，尤其是气候变化、生态破坏等已经超越了单一国家和地区的边界，成为全球性问题。生态文明的建设不仅是一个国家内部的事情，更是全球社会共同面对的重要任务。在全球化的背景下，国家间的生态竞争和合作日益紧密，只有各国共同推进生态文明建设，才能有效应对全球环境挑战。通过绿色技术的推广和应用、环境保护合作的加强、生态补偿机制的构建等手段，各国可以在全球范围内形成良好的合作关系，携手解决生态问题，为全人类创造更加美好的生存环境。

更重要的是，生态文明建设与人类未来的生存和发展息息相关。人类的生存依赖于自然环境提供的资源和服务，水、空气、土壤等生态系统的稳定性直接影响着我们的生活质量。然而，随着全球环境问题的加剧，生态系统的承载能力逐渐降低，资源枯竭、环境污染、气候变化等问题日益严峻，直接威胁到人类的生存基础。

如果不加以重视，生态环境的恶化将带来无法估量的后果。因此，生态文明建设不仅是环境保护的需求，更是人类自我保护的必要措施。它要求我们在追求经济发展的同时，始终将生态环境放在重要位置，防止资源浪费和环境恶化，为未来的可持续发展铺平道路。

生态文明建设是一项系统性的工程，需要从国家政策、企业责任、公众参与等多个方面共同推进。它要求政府在宏观层面制定合理的环保政策，推动绿色产业的发展，完善生态环境保护的法律法规；要求企业在生产过程中注重资源的节约和环境的保护，推广绿色技术和生产方式；还要求公众树立生态文明意识，从日常生活的细节做起，践行绿色消费、低碳出行等环保行为。生态文明建设不仅仅是一个政策目标，它更是一种社会文化，一种全体社会成员共同参与、共同推动的进程。

生态文明建设不仅是应对当前环境危机的迫切需求，更是实现人类社会长远发展的必由之路。通过推动绿色发展、促进资源节约与环境保护，我们能够为子孙后代留下一个更加美好、可持续的生存环境。这项事业需要全球每一个人的共同努力，才能真正实现人与自然的和谐共生。

三、可持续发展与乡村生态保护的关系

在当今世界，随着城市化进程的加速，乡村地区面临着前所未有的挑战和机遇。乡村的生态保护与经济发展之间的关系，已经成为推动可持续发展的关键课题。可持续发展要求我们在追求经济增长的同时，也要保障生态环境的长期稳定，这对乡村来说尤为重要。乡村作为自然资源的承载地和传统文化的发源地，其生态环境的保护，不仅关乎农业的可持续生产，也关乎人类社会的长期生存与繁荣。因此，如何在乡村规划中协调经济发展与生态保护的关系，成了各方关注的焦点。

乡村地区具有独特的生态价值，这不仅体现在丰富的自然资源和生物多样性上，也体现在其独特的环境、景观和生态服务功能上。乡村的自然景观和生态环境不仅为农民提供了基本的生存条件，也对整个社会和国家的生态安全起着至关重要的作用。因此，乡村生态保护不仅仅是为了满足当地居民的需求，更是为了维护整个生态系统的平衡，保证人类社会的可持续发展。然而，随着经济的发展，乡村的生态环境正面临着越来越大的压力。过度的资源开发、无序的土地利用、污染的

排放等因素，正在破坏着乡村的自然资源和生态系统，这使得乡村的可持续发展面临着严峻的挑战。

要实现乡村的可持续发展，必须认识到生态保护与经济发展是相辅相成、相互依存的。在传统的发展模式中，经济增长往往是通过大规模的资源开发和过度的环境消耗来实现的，这种做法往往导致了生态环境的破坏，进而影响到人类社会的长期利益。而可持续发展理念的提出，要求我们不仅要追求经济增长，还要考虑到环境保护和资源的可再生性。因此，在乡村的发展过程中，必须找到一条既能推动经济发展，又能保护生态环境的平衡之路。在乡村规划中，生态保护与经济发展的关系不是对立的，而是可以实现良性互动的。生态友好的发展方式不仅能够减少对环境的负面影响，还能为乡村经济带来新的发展机会。比如，乡村可以通过发展生态旅游、绿色农业、循环经济等方式，既实现经济收入的增长，又能够保持生态系统的健康和稳定。这种发展方式不仅能提升当地居民的生活质量，还能为社会提供更多的生态产品和服务，最终促进乡村社会和谐与可持续发展。

乡村生态保护的核心，不仅仅在于保护现有的自然资源和生态环境，更在于如何通过合理的规划和管理，使得乡村的自然资本得到有效的利用，并实现可持续的经济发展。在这一过程中，政府的政策引导和社会各界的共同努力至关重要。政府应该通过制订科学的乡村规划，建立生态保护红线，限制那些破坏环境的经济活动，推动绿色、低碳、循环的产业发展。同时，还需要通过财政、税收、金融等手段，鼓励生态友好的企业和项目，为乡村地区的发展提供资金支持和政策保障。

乡村居民是乡村生态保护的直接参与者，他们的生产和生活方式对生态环境的影响尤为显著。因此，提高农民的环保意识和生态文化素养，培养他们对生态保护的责任感，是推动乡村可持续发展的重要一环。通过培训、宣传、示范等方式，使农民了解生态保护与经济发展之间的关系，帮助他们在生产活动中采用更加环保和可持续的方式，是实现乡村生态保护与经济协调发展的有效途径。与此同时，乡村地区的社会组织和村民合作社等也可以发挥重要作用，通过集体行动来推动生态环境的修复与保护，提升集体经济发展水平，增强乡村发展的内生动力。

实现乡村的可持续发展，既需要保护好自然资源，又需要推动经济的绿色转型。在乡村的经济发展中，农业是基础。绿色农业的发展，不仅能提升农产品的质量，还能保护土壤、水源和空气等自然资源。因此，乡村经济的绿色转型是一条可持续发展之路，这条路要求乡村经济的发展必须与生态环境的承载能力相匹配，不能超越生态系统的承载极限。同时，乡村经济的多元化发展也可以为生态保护提供更多的资金支持和技术保障。例如，乡村可以发展林业、渔业、生态养殖等产业，这些产业不仅能提供丰富的经济收入，还能通过生态修复和生物多样性保护，增强乡村的生态功能。

乡村生态保护与经济发展的良性循环，最终要通过创新的机制来实现。这种机制的核心，是实现生态资本和经济资本的双向流动。通过将生态环境的价值纳入到经济考量中，推动生态保护与经济活动之间的互利共赢，创造出更加和谐、可持续的乡村发展模式。这需要政府、市场和社会各方共同努力，形成一个既能激励经济增长，又能保护生态环境的良性循环机制，确保乡村在未来的发展中，既能保持生机勃勃，又能持续受益于自然环境的馈赠。

第三章　规划设计与乡村振兴的相互促进作用

规划设计与乡村振兴是相辅相成、互为支撑的两个重要方面。规划设计不仅是推动乡村振兴的基础性工具，而且在乡村文化传承、经济发展、生态保护等多个层面发挥着不可替代的作用。本章将分析规划设计在乡村振兴中的基础性作用，探讨其如何促进乡村文化的传承与创新，以及乡村振兴对规划设计专业的挑战与推动。乡村振兴不仅是经济层面的振兴，更是一种文化、生态和社会的全面振兴。规划设计的创新性与前瞻性，成了推动这一振兴过程的重要动力。

第一节　乡村振兴中的规划设计基础性作用

一、乡村土地利用优化

乡村土地利用优化是乡村振兴战略中的核心内容之一。随着我国城乡差距的逐步缩小，乡村面临着前所未有的发展机遇和挑战。土地资源的合理利用不仅关乎农村经济的持续增长，也直接关系到生态环境的保护和乡村居民的生活质量。在这一背景下，如何通过科学的规划设计，实现土地资源的高效利用，成了乡村发展中的关键课题。

在土地利用实践中，乡村土地面临着高度分散、利用效率低下的问题。大量的农田由于缺乏有效的规划和管理，出现了不同程度的浪费现象，许多地方的耕地面积被随意改变用途，土地的生产力也因此下降。为了改变这一现状，土地利用的优化必须从根本上重视规划设计，将土地的多功能性、生态性和可持续性纳入到整体考虑中。

土地利用的科学规划需要根据不同地区的自然条件、经济状况和社会需求来进行精准设计。每个乡村的土地资源是有限的，如何通过合理的分配来满足居民的生活需求、生产需求和生态保护需求，是土地利用优化的核心问题。要根据地理位置、地形地貌、气候条件等因素，合理配置农田、林地、草地、水域等不同类型的土地资源。在一些农业生产条件较好的地区，可以重点发展农业种植和养殖业，充分发挥土地的生产性功能。而在一些生态环境较为脆弱的地区，则应优先考虑生态保护和修复，避免过度开发导致的土地退化和生态破坏。

土地利用的合理分配不仅仅是对资源的最优化配置，还要考虑到乡村社会的可持续发展。在乡村土地的规划设计过程中，应该充分调研和听取农民和当地居民的意见，结合他们的实际需求，进行合理的空间布局。通过合理划定生活空间、生产空间和生态空间的边界，使得每一块土地都能够得到最适合的使用，避免土地资源的无序扩张和浪费。特别是在生产空间的规划上，要注重土地的功能区划，将不同用途的土地进行精细化的划分，以确保土地使用的高效性和可持续性。

对于农业用地而言，如何保持耕地的可持续生产能力，是优化土地利用的重点之一。农业是乡村经济的根基，耕地是农民赖以生存的基本资源。然而，随着城乡一体化进程的推进，一些耕地被转为其他用途，或是土地荒废、沙化，导致农业生产受到制约。因此，合理规划耕地保护区，严格控制耕地的非农业化，既能确保农民的生产生活需求，也能保障国家粮食安全。

土地的生态保护功能同样不能忽视。随着人类活动的日益增强，许多乡村的生态环境遭到了不同程度的破坏。土地利用的优化不仅要注重土地的经济价值，还要兼顾生态价值。通过恢复和保护湿地、森林、草地等生态系统，不仅可以改善生态环境，还能提高土地的自然恢复能力，减少洪涝灾害、沙尘暴等自然灾害的发生。同时，生态空间的保护也为乡村居民提供了休闲、旅游、文化等多元化的生活空间，进一步提高了乡村的整体吸引力和宜居性。

乡村土地利用优化还要与现代化农业的发展紧密结合。在科技日新月异的今天，传统的农业生产方式已经无法满足乡村可持续发展的需求。农业科技的引进和创新，使得土地利用效率大大提高。例如，精细化的农业管理、智能化的农田监控、节水灌溉技术的推广等，都为乡村土地利用的优化提供了新的思路和手段。通过这些技术手段，不仅可以提高土地的生产效益，还能减少对环境的负面影响，实现绿色农业和可持续发展。另外，乡村土地利用优化还需要注重城乡统筹。在城乡一体化的背景下，乡村的土地利用不仅仅是乡村内部的事务，还需要与城市的发展相协调。城市化进程加快的同时，乡村的土地利用也面临着城市扩张的压力。如何在城市化的进程中，保护好乡村的生态环境和农业生产基地，是优化乡村土地利用时必须考虑的重要问题。在这一过程中，应通过科学的规划设计，合理控制城市的扩张速度，避免对周围乡村土地资源的过度侵占。乡村土地的合理利用，不仅能增强乡村的经济活力，还能缓解城市与乡村之间的资源竞争，促进城乡的协调发展。

乡村土地利用的优化不仅是技术问题，更是社会和政策层面的问题。为了实现土地利用的最大化效益，政府的引导和政策支持至关重要。政府应通过完善土地政策、制定相关法规、加大土地流转的支持力度，为土地的高效利用创造良好的制度环境。此外，还应加强对土地利用的监管，防止土地的滥用和浪费，确保土地资源得到科学合理的开发利用。

二、基础设施建设支持

乡村基础设施建设的支持在于规划设计的精准性和前瞻性，这不仅为乡村的发展提供了明确的方向，也为后续的实施打下了坚实的基础。随着现代化进程的推进，乡村不仅要面临经济结构的转型，更需要解决一系列基础设施的瓶颈问题。乡村基础设施的提升涉及多个层面，其中道路、水电、通信等基础设施的布局和提升尤为重要，直接关系到乡村居民的生活质量、生产效率以及乡村经济的可持续发展。

乡村基础设施的规划设计需要考虑到乡村的实际情况，注重资源的合理配置。不同地区的自然条件、人口密度、经济发展水平各异，规划设计者必须根据具体情况制订切实可行的方案。在交通方面，乡村的交通网络不仅要打通内部的通行，还要考虑到与外部城市的连接。以往很多乡村由于交通不便，导致商品流通困难，人员交流受阻，经济发展面临很大障碍。通过精心规划的道路系统，不仅可以消除地理上的隔阂，还能缩短城乡之间的距离，提高乡村的经济互动性。

乡村的道路建设，不仅仅是为了方便交通，还要注重路网的合理布局，确保各类交通工具的顺畅通行。在一些偏远乡村，简易的道路改造能够有效提高居民出行的便捷性。对于农业生产来说,方便的交通体系不仅可以帮助农民及时运输农产品,减少损失,还能促进农业与市场的对接,推动现代农业的发展。与此同时,合理的道路规划能够有效降低交通事故的发生率,提升交通安全水平,确保村民的生命财产安全。

水电设施的提升也是乡村基础设施建设的关键所在。水资源是乡村生产和居民生活中不可或缺的部分,特别是在农业生产中,灌溉水源的保障至关重要。然而,很多乡村由于水利设施建设滞后,导致农业灌溉困难,甚至出现干旱和水污染等问题。在规划设计时,必须考虑到水资源的合理调配,建设有效的水利系统,确保农田灌溉和日常用水的充足。在水利设施建设的同时,还要重视水资源的保护和可持续利用,避免过度开发或浪费,确保水资源的长期有效供给。

与水利设施紧密相连的是电力设施。电力的普及和提升,不仅能够改善居民的生活质量,提高家庭生活的舒适度,还能极大地推动乡村生产的现代化。在许多乡村,电力供应仍然存在不稳定的情况,尤其是在一些偏远地区,电网覆盖不全,导致很多家庭和企业无法享受到正常的电力服务。通过规划设计,建立稳定可靠的电力网络,不仅可以保障居民的日常用电,还能为乡村的工业和农业提供必要的运力支持,推动乡村产业的发展。

通信设施的建设是现代乡村发展中不可忽视的一部分。信息化时代的到来,使得通信网络的普及成为乡村发展的关键因素之一。乡村的通信设施建设不仅仅是为了让村民能够更方便地打电话、上网,更重要的是,信息化能够推动乡村与外部世界的联系,打开乡村经济发展的新局面。随着互联网技术的飞速发展,乡村的网络基础设施逐渐成为农民获取信息、进行电商交易、提升农业生产效率的重要工具。无论是农民获取市场信息、天气预报,还是通过互联网销售农产品、学习农业技术,通信设施的完善都为乡村经济注入了新的活力。

然而,基础设施建设的推进也面临一些挑战。许多乡村由于历史原因,基础设施建设滞后,存在资金不足、技术水平不高、建设周期长等问题,这在一定程度上制约了乡村发展的速度和质量。在规划设计的过程中,必须充分考虑到乡村的实际需求和资源情况,做到因地制宜,循序渐进,确保每一项基础设施建设都能切实发挥作用。除了硬件设施的建设,乡村的管理和维护也是基础设施建设能否长久发挥作用的关键。许多乡村在完成基础设施建设后,由于管理不到位,设施常常遭到破坏,或者长期缺乏维护,导致基础设施的效用逐渐下降。因此,在规划设计时,需要综合考虑后期的运营和维护问题,制订合理的管理方案,确保基础设施在投入使用后能够得到良好的维护和保养。

第二节　规划设计在乡村文化传承中的支持与提升

一、历史建筑和风貌保护

乡村历史建筑和传统风貌是一个地区文化根脉的重要组成部分,它们承载着深厚的历史、文化和社会价值。随着时代的发展和城市化进程的推进,乡村地区的许多历史建筑面临着逐渐消失或改变的风险,这种现象不仅导致了建筑本身的损失,也使得传统的生活方式和地方性文化逐渐被遗忘。因此,保护乡村历史建筑和风貌,尤其是通过精心规划设计来实现这一目标,显得尤为重要。通过有效的规划设计,不仅能够保护这些建筑本身,还能够确保文化遗产在现代社会中的传承和复兴。

历史建筑是地方文化身份的象征,它们的建造通常与特定的历史背景、地理环境以及社会风俗密切相关。乡村地区的历史建筑往往具有独特的建筑风格和地方特色,这些特色反映了当地人对自然环境的适应与利用、对资源的独特理解以及与周围社会互动的方式。它们不仅是建筑技术和工艺的结晶,也是历史事件和社会变迁的见证。因此,保护这些历史建筑不仅是对物质遗产的尊重,更是对文化传统的继承。然而,随着现代化进程的推进,许多乡村地区的传统建筑逐渐失去了原有的功能,或者在开发过程中面临着被替代和改造的风险。乡村建筑的老旧、功能的不适应以及建设用地的紧张,使得很多具有历史价值的建筑难以得到有效的保护。在这样的背景下,如何通过规划设计来有效保护乡村历史建筑和传统风貌,成了一个亟待解决的问题。

规划设计在乡村历史建筑保护中的作用不可小觑。它不仅需要考虑建筑本身的保护,还应关注建筑所处的整体环境、社会文化以及与当地居民生活的关系。通过科学合理的规划设计,可以有效地延续和复兴乡村的历史风貌,使其在现代社会中焕发新的生命力。规划设计的首要任务是进行详细的调查和研究,了解每一处历史建筑的历史背景、文化价值和现状。只有充分了解这些建筑的独特性,才能制订出切实可行的保护方案。

在实际的规划设计过程中,需要考虑建筑的结构、材质以及修缮的可行性。许多乡村历史建筑由于年久失修,结构已经出现了不同程度的损坏,这就需要设计师根据建筑的实际状况进行科学的修复和加固。与此同时,设计还应考虑到现代化生活需求的融合。例如,在保持历史建筑外观和结构的前提下,适当引入现代化的设施,提升建筑的使用功能和舒适度,让历史建筑在新时代的背景下继续发挥其作用。

乡村历史建筑的保护不仅仅是对单个建筑的修复,更要关注其所处的整体环境。传统的乡村风貌是由一系列建筑、道路、自然景观和人文元素交织而成的。为了更好地保护这一风貌,规划设计必须考虑到整个村落或区域的布局,避免现代化建设对历史风貌的破坏。在设计中,要注意与周围环境的和谐融合,既要保留原有的乡村特色,又要避免过度的开发和商业化,使历史建筑在新的环境中得以保护和延续。此外,规划设计还需要关注乡村居民的参与和利益。在很多情况下,历史建筑的保护和修复需要投入大量的资金和精力,这就需要政府、社会和当地居民的共同努力。设计方案不仅要考虑到建筑的文化和历史价值,还要考虑到当地居民的生活需求,尊重他们的生活习惯和文化传统。通过与当地居民的沟通与协作,可以确保保护措施的实施能够得到广泛的支持,同时也能增强居民对历史文化的认同感和归属感。

乡村历史建筑的保护不仅仅是为了保存一座座老建筑,更是为了保护一个地区的文化记忆和精神传承。现代化的进程往往容易导致文化的断裂,历史建筑作为文化遗产的重要组成部分,其保护不仅是一项建筑任务,更是一个文化复兴的过程。通过合理的规划设计,可以在保留历史风貌的基础上,推动乡村文化的创新和发展,使历史与现代相得益彰,传统与现代相互交融。

随着越来越多的国家和地区开始重视文化遗产的保护,乡村历史建筑和传统风貌的保护已成为全球范围内的共识。国际上很多成功的案例表明,历史建筑的保护不仅可以提升地方的文化价值，还能够促进当地的旅游和经济发展。在这一过程中，规划设计起到了至关重要的作用，它不仅要求设计师具备扎实的专业知识，还需要对文化遗产有深刻的理解和尊重。通过精心设计，乡村历史建筑可以在现代社会中找到新的生命力，成为文化交流和社会发展的重要载体。

二、乡土特色的保留与创新

乡土特色的保留与创新是当代乡村设计中不可或缺的一部分。随着现代化的迅猛发展，乡村面貌正在经历深刻的变革，但如何在这一过程中保持乡村文化的根基，使其在现代社会中依然焕发出独特的魅力，成了设计师和规划者需要面对的一个重大课题。乡土特色不仅仅是建筑风格、地方材料的传承，它更深层次地蕴含着乡村独特的历史、文化和生活方式，这些元素在现代化的浪潮中如何得以保留并创新，既是一种挑战，也是一种责任。

乡土特色是一个地方历史和文化的象征，它承载着千百年来地方人民的生活智慧与审美追求。每一座乡村、每一条街巷、每一栋房屋，都承载着不同的文化印记和人文故事。然而，在全球化、城市化进程加速的背景下，许多传统的乡村景观和文化特色正面临着消失的危险。为了避免乡村在现代化进程中失去其独特性，设计师们开始更加注重乡土特色的保护与创新。在这样的设计理念下，乡村不仅仅是一个居住的空间，更是文化的载体，是乡愁的根源。

在设计过程中，乡土特色的保留并非单纯的复制和复古，而是通过创新的方式将其内涵融入现代生活中，使其更具生命力和时代感。乡村建筑的传统样式和结构方式往往与自然环境、地方气候、社会习俗紧密相关。如何在现代设计中保留这些元素，而不让它们显得过时或陈旧，是一个需要仔细考量的问题。例如，传统的院落式布局在现代化的需求下可能需要进行一定的调整，使其更加符合现代家庭的生活习惯，但这种调整不能剥离其原有的文化价值，必须在新的语境下赋予它新的功能和表现形式。

乡土特色的材料使用是另一个关键环节。许多乡村建筑使用的是当地的天然材料，如木材、石材、砖瓦等，这些材料不仅在功能上满足了当地的居住需求，还与周围的自然环境和生态系统和谐融合。在现代化的设计中，如何选择和使用材料，是体现乡土特色的一项重要工作。虽然现代建筑材料种类繁多,但设计师们仍然可以通过有机的方式引入传统的地方材料,或者使用现代技术加工这些传统材料,使其既能满足现代功能需求,又不失乡土风情。通过这种方式,乡村的建筑既保留了历史的记忆,又具备了现代的舒适性与实用性。

除了建筑形式与材料的选择,乡土特色的保留还体现在空间布局与景观设计上。乡村的传统空间布局往往追求与自然环境的和谐共生,许多乡村建筑往往顺应地形地貌,建筑物与周围的田园、山川、河流等自然景观相互依存。在现代化的设计中,如何处理人与自然的关系,创造出既具有地方特色又能适应现代生活方式的空间,是一个充满挑战的任务。设计师们需要在空间布局中考虑到乡村文化的独特性,同时通过新的设计手段,让乡村建筑在满足人们生活需求的同时,仍能保持原有的文化氛围。通过这种方式,乡土特色便不仅仅是外在的形式,更是内在的精神体现。

乡土特色的创新并不是简单地保留过去的元素,而是通过重新理解和诠释乡村文化的价值,使其在当代社会中焕发新的活力。设计师需要从当地的传统文化、历史背景和民俗风情中汲取灵感,在不失其文化本质的前提下,通过创新的手法将其转化为适应现代社会的形式。这种创新不仅体现在建筑和空间设计中,还体现在乡村的整体规划和生活方式的引导上。乡村不仅仅是一个居住的地方,更是一个文化的展示平台。通过创新的设计,乡村在现代社会中依然能够传承其独特的文化底蕴,同时也能满足人们日益增长的现代生活需求。

现代乡村的设计应该重视人与自然、人与历史、人与文化之间的关系。乡村文化不仅仅体现在建筑和空间上,还深深根植于当地人的生活方式、价值观念和社会行为中。因此,设计师在进行乡村规划时,应该将这种文化精神作为核心进行创作,既要尊重传统文化,又要有创新的眼光,打造一个具有历史感和时代感的乡村空间。通过这种有机的融合,乡土特色的保留和创新才能真正落地,赋予乡村新的生命力。

在这一过程中,乡土特色不仅是外在形式的保留,更是乡村文化自信的体现。在全球化和现代化的背景下,乡村如何保持其独特性,如何在现代社会中找到自己的位置,正是乡土特色的创新所面临的最大课题。通过设计,乡土文化不应成为历史的遗迹，而应该成为一个与时俱进的活体，融入现代人的生活中，继续讲述属于乡村的故事。这不仅是对过去的传承，更是对未来的创造，使乡村在现代社会中既能保持自己的文化特色，又能与时代同步发展。

三、传统技艺的展示

在现代社会的快速发展与变迁中，地方传统技艺和民间艺术常常面临着逐渐失传的危机。随着科技和工业化的不断进步，许多手工技艺和传统艺术形式逐渐被现代化的生产方式所取代，年青一代对这些传统技艺的关注和传承日益减少。然而，文化的多样性和传统技艺的独特价值依旧深深根植于每个地方的历史与生活中，它们不仅是人们创造和表达的方式，也是地域文化身份的重要标志。为了更好地传承与创新这些传统技艺，规划设计中设置展示区域或博物馆成为一种重要的文化策略，它不仅是展示传统技艺的场所，也为传统技艺的创新提供了灵感与平台。

通过精心设计的展示空间，传统技艺能够以一种全新的方式呈现给观众，这不仅仅是静态的物品陈列，而是通过互动、体验和教育等形式，让观众感受到这些技艺背后深厚的文化底蕴与人文关怀。设计中的展示区域往往不局限于展示传统物品，更应注重展现制作过程和技艺传承的历程。通过多媒体手段，观众不仅能看到成品，更能了解到这些技艺从古至今的发展轨迹，感受到技艺传承中的文化冲突与融合，以及每一件作品所承载的社会背景和情感寄托。

博物馆作为展示传统技艺的理想场所，其空间布局和展示设计的创新性对传统技艺的传播至关重要。传统技艺往往是高度个人化和地方化的，其独特性使其更具有不可替代的文化价值。在博物馆中，通过巧妙的空间设计，可以将这些传统技艺与现代科技手段结合起来，通过虚拟现实（VR）、增强现实（AR）等技术，让观众在互动中亲身体验到这些技艺的魅力。例如，观众不仅可以看到一件精美的织锦，还可以通过虚拟的方式学习如何亲手编织，感受每一根丝线的穿越与编织的节奏。通过这种沉浸式体验，传统技艺的魅力可以更直观、更生动地展现出来。

除了展品的设计，展示区域的功能性同样重要。为了让传统技艺与民间艺术在现代社会中得到更好的传承与发展，展示空间应当具备教学、研究、交流等多重功能。许多传统技艺的学习和传承离不开师徒之间的口传心授，而博物馆或展示区域则可以成为一个多元交流的平台。在这里，不仅是观众与展品之间的互动，更多的是专业技艺人员、艺术家与普通民众之间的思想碰撞和经验传递。通过定期的技艺展示、传授课程和工作坊等活动，观众可以更加深入地了解和参与到传统技艺的学习过程中，从而提升公众对传统技艺的认知与兴趣。这种体验式学习，不仅能够让人们感受到传统技艺的独特魅力，也能在潜移默化中激发人们对手工艺术和非物质文化遗产的保护意识。

在这种展示模式中，传统技艺的创新和发展同样得到应有的重视。传统技艺并不是一成不变的，而是在不断变化和适应社会需求的过程中逐步发展的。博物馆和展示区域可以成为传统技艺创新的孵化器，通过与现代设计、艺术以及科技相结合，传统技艺能够在新的语境下焕发出新的生命力。设计师和工匠们可以在这些展示空间中进行跨界合作，探索如何将传统技艺与现代审美和功能相融合，创造出既有传统根基又符合当代需求的新型艺术作品。传统的染织技艺可以与现代的服装设计相结合，手工木雕可以与现代家居设计相结合，传统的陶瓷艺术可以与当代的雕塑艺术相结合。通过这些创新，传统技艺能够进入现代人的日常生活，成为既具实用性又富有艺术价值的文化产品。此外，展示区域和博物馆还应当承担起保护和传承的社会责任。许多地方传统技艺和民间艺术由于社会变迁、生活方式的改变而逐渐消失或受到威胁。因此，这些展示空间不仅仅是一个展示的场所，更是一个文化保护的堡垒。通过对传统技艺的研究和记录，博物馆能够系统性地保存相关资料、样本以及技艺的传承过程，为后代提供研究和学习的资源。与此同时，这样的展示也能够提升社会各界对传统技艺保护的意识，推动地方政府和社会各界对文化遗产的重视和投入，形成全社会共同参与的文化保护氛围。

通过规划设计中的展示区域或博物馆，传统技艺不仅得到了有效的保护和传承，也促进了文化的创新和再生。在现代化的浪潮中，这些传统技艺通过展示平台走向了更加广泛的观众群体，展现出它们独特的生命力和文化魅力。在传承中创新，在创新中传承，传统技艺的未来因这些展示空间而充满了无限可能。

第三节　乡村振兴对规划设计的社会综合要求

一、多功能融合发展

乡村规划设计的多功能融合发展是一个兼顾多方面需求的过程，它强调的是将农业、旅游、居住、生态等多个功能有机结合，在尊重和保护乡村特色的基础上，推动乡村资源的综合利用。这种多功能融合的发展不仅是对乡村空间和资源的有效整合，更是对乡村经济、社会和生态的综合考虑，旨在通过科学合理的规划设计，提升乡村的整体发展水平和可持续发展能力。

在推进乡村振兴战略过程中，乡村的多功能融合发展尤为重要。这不仅是对传统农业生产模式的转型，更是乡村发展多样化的体现。农业作为乡村的基础功能，它不仅要保持传统的生产方式，还应当与其他功能如旅游、居住、生态保护等形成互补关系，推动资源的优化配置。农业的现代化和绿色发展是其中的核心，通过引入智能农业、生态农业等新技术，提升农业的生产效率和可持续性，为乡村的发展注入新的活力。

乡村旅游是当前推动乡村多功能融合发展的一个重要组成部分。随着人们生活水平的提高，乡村旅游逐渐成为一种新的消费方式和生活方式。乡村本身的自然景观和人文资源是其独特的优势，通过科学规划和设计，可以将乡村的独特魅力转化为旅游资源。旅游不仅可以带动乡村经济的发展，还能促进乡村文化的传承和生态环境的保护。通过规划设计，将农业、旅游、居住和生态等功能进行合理布局和有机结合，形成乡村的旅游经济带动区域，进而推动当地的产业发展和就业机会的增加。

居住功能的融入，是乡村多功能融合发展的另一个重要方面。随着城乡差距的逐步缩小，越来越多的人开始选择在乡村生活，特别是对于那些寻求更加宁静、自然的生活环境的人来说，乡村成了理想的居住地。在这个背景下，乡村规划设计不仅要满足农业生产的需求，还要为居民提供现代化的居住条件。乡村的居住区应当注重与自然环境的融合，避免过度开发和破坏自然景观，同时应提供良好的基础设施和服务设施,如教育、医疗、交通等,以提升居民的生活质量。

生态保护是乡村多功能融合发展的另一个核心要素。乡村的生态环境是其独特的资源,而生态功能的合理保护对于乡村的可持续发展至关重要。在乡村规划设计中,应当充分考虑生态环境的承载力和保护需求,避免过度开发和不合理的资源利用。生态环境的保护不仅关乎自然景观的保存,还关系到水源、土壤、空气等自然资源的可持续性。通过合理的生态规划,可以保护乡村的生态环境,同时促进农业生产和乡村旅游的可持续发展,形成生态保护与经济发展的良性循环。

乡村多功能融合发展的最终目标,是实现乡村资源的综合利用和最大化的价值创造。这需要在规划设计中实现各个功能的协调发展,避免单一功能的过度开发和资源的浪费。例如,农业、居住、旅游和生态保护等功能的有机结合,可以使得乡村在满足人们生活需求的同时,也能促进经济增长和社会发展,形成一个可持续发展的乡村生态系统。此外,乡村多功能融合发展的实施离不开现代科技的支持。随着信息技术、智能化技术和大数据的应用,乡村规划和设计可以更加精准和高效。智能农业技术的应用,使得农业生产可以实现精准管理,提高资源的利用效率;而大数据技术则可以帮助规划者更好地了解乡村的资源状况和发展潜力,从而制订更加合理的规划方案。这些技术的应用,不仅能够提升乡村的生产力,也能改善人们的生活质量,为乡村的多功能融合发展提供有力的技术支撑。

乡村多功能融合发展的关键在于如何找到各个功能之间的平衡点。在推动农业现代化的同时,要注意保护乡村的自然环境;在发展乡村旅游的同时,要避免过度开发,保持乡村的独特魅力;在改善居住条件的同时,要注重乡村文化的传承和生态环境的保护。这需要在具体的规划设计中,做到统筹兼顾,确保各个功能的协同发展。只有这样,才能真正实现乡村的可持续发展,打造一个既富裕又和谐的现代乡村。

乡村多功能融合发展的实现,将为乡村带来更加多元化的发展路径,不仅有助于提高乡村的经济水平,也能够促进社会的和谐与生态环境的保护。这种综合发展模式,不仅符合乡村振兴的战略目标,也是实现城乡一体化和可持续发展的重要途径。通过合理的规划设计,乡村将能够在多个功能的融合中找到发展新机遇,迈向更加美好的未来。

二、社会经济协调发展

在现代社会，乡村发展不仅仅是经济增长的体现，更是社会和谐与可持续发展的重要基础。经济发展与社会效益的平衡，是乡村规划设计中必须面对的核心课题。在制订乡村发展规划时，既不能单纯追求经济的高速增长，也不能忽视社会稳定和居民福祉的提升。只有在这两者之间找到一个协调点，才能确保乡村能够在经济繁荣的同时，保持社会的和谐与稳定，让居民在物质与精神的双重满足中得到真正的福祉。

经济增长是推动社会进步的重要力量，而乡村作为国家经济体系的重要组成部分，其经济发展直接影响到整个社会的结构和稳定。然而，单纯的经济增长可能会带来一系列的负面效应，譬如贫富差距的扩大、生态环境的恶化、社会阶层的分化等，这些问题如果得不到妥善处理，将不可避免地影响到社会的整体稳定性和居民的生活质量。因此，如何在推动乡村经济增长的同时，保障社会的稳定和居民的福祉，成了规划设计中的一项重要任务。

在乡村发展过程中，规划设计必须注重经济发展的内涵与外延，既要追求经济总量的增长，又要考虑到这一增长如何惠及广大乡村居民。在这一过程中，除了提升基础设施建设、推动产业升级等经济措施，还需要注重社会效益的提升，尤其是居民的生活水平、教育、医疗、文化等方面的改善。这不仅是对经济增长质量的要求，更是对社会效益的一种高度关注。只有当乡村居民的生活质量得到了提升，才能真正实现经济与社会效益的双赢。

乡村的发展不能仅仅依赖外部资本和技术的注入，内生性的发展动力同样重要。乡村的经济增长不仅仅体现在数字和产值上，更应该考虑到农民的收入水平、就业机会的增加以及社会保障体系的完善。提高农民收入、改善教育和医疗服务、加强基础设施建设，这些社会效益的提升，将直接影响到乡村的长远发展。而这些社会效益的提升，往往需要政策的引导和制度的保障。在此过程中，政府的角色尤为关键。政府不仅要通过政策支持引导经济发展，更要通过合理的资源配置和制度创新，促进社会效益的提升。同时，乡村的社会稳定也是乡村经济能够持续增长的重要保障。社会稳定不仅仅是一个表面的现象，更是一个复杂的社会结构问题。在乡村经济发展过程中，必须重视社会的各个群体，尤其是弱势群体的利益保障。

乡村居民的收入差距、生活条件、教育机会、社会保障等，都是影响社会稳定的重要因素。如果这些问题没有得到妥善解决，可能会导致社会的不满和矛盾，从而影响到乡村的经济发展。因此，在规划设计中，必须充分考虑到这些社会因素，确保各个群体的利益能够得到平衡，以促进社会的长期稳定。

而随着社会经济形势的变化，乡村的经济发展和社会效益的关系也在不断演变。随着城市化进程的加快，农村地区面临着大量的劳动力转移和产业结构调整。在这一过程中，乡村居民的收入来源发生了变化，传统农业经济面临着巨大的压力，如何通过产业结构的调整，推动乡村经济的转型升级，成了亟待解决的课题。同时，随着科技的进步和信息化的发展，乡村社会的各个方面也在发生着深刻的变化。信息化的发展可以帮助乡村居民更好地获取教育、医疗和就业等方面的资源，从而提升他们的生活质量。因此，在乡村发展规划中，必须有前瞻性的眼光，充分考虑到科技创新对社会效益的提升作用。

在乡村经济增长的过程中，还需要特别关注生态环境的保护问题。乡村经济的发展往往伴随着土地的开发和资源的消耗，这可能会对生态环境产生一定的负面影响。然而，环境的可持续性对于乡村的长远发展至关重要。只有在保护生态环境的前提下，乡村经济才能够实现可持续发展。因此，在规划设计中，必须综合考虑经济、社会和环境三个方面的平衡，以确保乡村能够实现绿色发展，推动经济、社会和环境的协调发展。

第四节　乡村振兴对规划设计专业的推动与挑战

一、专业能力提升需求

乡村振兴战略的实施，不仅仅是对农村经济的振兴，更是对乡村文化、生态环境、社会治理等多个维度的综合提升。在这个过程中，规划设计师的角色变得尤为重要。传统上，规划设计师的职责多集中于城乡建设与空间布局的规划设计，但在乡村振兴的背景下，规划设计师的工作内容和责任有了更为广泛和深刻的要求。这种要求不仅体现在具体的技术和知识上，更体现在对乡村独特性质的深刻理解和应对能力上。

乡村振兴需要的规划设计师不仅要具备深厚的建筑与城市规划的专业背景，还需要有对农业、生态、文化等多个领域的敏锐洞察力和深入掌握。农业作为乡村振兴的基础产业，要求规划设计师不仅仅从生产布局的角度来考虑土地资源的合理使用，还要关注农业产业与生态环境的协调发展。农业与生态的紧密关系，使得土地的使用不能仅仅以产值为导向，更要考虑其可持续性。规划设计师需要具备农业知识，了解现代农业发展的趋势、农田水利、农业技术创新等，这对于推动乡村农业的现代化、提升乡村产业水平具有重要作用。

生态是乡村振兴中另一个至关重要的领域。在乡村的规划设计中，生态文明建设不仅仅是一个口号，它需要通过切实可行的规划设计得到落实。乡村的生态环境往往面临着不同程度的破坏，如水土流失、污染、生态破坏等问题。规划设计师在规划过程中，不仅要考虑如何保护现有的自然资源，还要有能力通过合理的设计引入生态修复的措施，改善生态环境。这要求规划设计师具备环境科学、生态学等相关专业知识，能够在乡村规划中将生态修复和生态保护的理念有机结合，设计出既符合乡村实际情况又能提升生态功能的解决方案。与此同时，文化也是乡村振兴中的重要方面。乡村文化是乡村振兴的灵魂，它代表着乡村的历史底蕴、传统习俗和独特的生活方式。规划设计师需要深刻理解每个地区的文化特点，并在乡村规划中融入这些文化元素，形成富有特色和认同感的乡村空间。在乡村规划设计中，文化不仅体现在建筑的风格和材料的选择上，更应融入乡村的公共空间、乡村景观和社会活动的组织中。乡村文化的传承不仅仅是物理空间的再现，更是乡村居民精神和生活方式的体现。设计师在此过程中扮演的是连接历史与现代、传统与未来的桥梁，如何让乡村文化在现代社会中焕发新的生机，成为一项极具挑战的任务。

随着乡村振兴战略的深入推进，规划设计师的角色也发生了变化，从单纯的技术性工作者转变为多元化的综合性人才。他们不仅需要具备传统的建筑学、城市规划、景观设计等专业技能，还要深入学习和掌握农业、生态、文化等学科的知识。在实际工作中，规划设计师需要与各类专业人员进行跨学科的合作与沟通。农业专家、生态学家、社会学家、文化学者等都可能成为乡村振兴工作中的合作者，这要求规划设计师不仅要有较强的专业能力，还要具备团队合作和跨学科协作的能力。在这一过程中，规划设计师的知识体系需要不断更新和拓展。随着社会的发展和技术的进步，新的设计理念、技术工具以及新的社会需求层出不穷，规划设计师必须始终保持对最新动态的敏感性，不断提升自己的专业水平。例如，随着大数据、人工智能等技术的广泛应用，乡村规划设计也逐渐从传统的手工绘图、经验判断向数据驱动和智能化设计转型。规划设计师不仅要掌握新的技术工具，还要学会如何将这些技术与实际的乡村建设需求相结合，创造出既符合现代科技发展趋势，又符合乡村实际情况的规划方案。此外，乡村振兴的实现不仅仅依赖于规划设计师的专业能力，还依赖于他们的创新意识和前瞻性思维。乡村振兴不仅仅是经济层面的提升，更是生活方式、社会结构和文化认同的全面重塑。在这一过程中，规划设计师不仅要解决当前的问题，还要具备前瞻性的视野，预见未来乡村发展的趋势，设计出具有长远价值的方案。这要求规划设计师不仅要在技术上精益求精，还要在理念上敢于创新，能够以更广阔的视角思考乡村振兴的路径和模式。

乡村振兴对规划设计师提出了更为广泛和复杂的能力要求。除了传统的建筑与规划知识，规划设计师还需要具备农业、生态、文化等领域的专业能力，并能够在跨学科的合作中发挥作用。同时，他们还需具备创新思维，能够在现代技术的支持下，设计出符合乡村实际需求、符合可持续发展理念的乡村建设方案。只有通过不断提升自身的专业能力，规划设计师才能在乡村振兴的过程中，真正发挥出他们的价值，推动乡村的全面振兴。

二、本土特色的深度理解

在进行乡村规划设计时，理解并融入当地的本土文化和特色是至关重要的。乡村不仅是人们的生活空间，它的每一块土地、每一处建筑、每一条小路都有着独特的文化脉络和历史积淀。乡村的文化不仅仅体现在历史遗存和传统风貌上，更深深扎根于人们的生活习惯、社会结构、价值观念与精神追求中。规划设计师在进入一个乡村之前，应该深刻感知这些内在的文化元素，理解它们如何与当地的自然环境、人文历史、社会功能相互交织，形成一个有机的整体。这样的理解能够帮助设计师精准地捕捉到乡村的独特韵味，并以此为基础开展设计，避免简单的外来模式照搬照抄。

要深入理解本土文化，需要从对地方历史的学习开始。每一块土地背后都有自己的故事，许多地方的传统风貌和生活习惯往往与该地的历史有着密切的联系。乡村的建筑风格，甚至是街道的布局，都可能承载着深厚的历史记忆和文化传承。例如，一些乡村可能有着古老的建筑风格，它们的设计往往体现了当地气候、地形以及资源的巧妙利用。如何在现代化的设计中保留这些历史痕迹，并且让这些传统元素在新的时代中焕发出生命力，是设计师需要深入思考的问题。

而本土文化的理解并不仅仅停留在对历史的回顾上，更需要触及当下的乡村生活。现代乡村社会的结构已经发生了变化，许多原本紧密的社会关系由于城市化进程的加速而被割裂。因此，设计师需要与当地居民建立紧密的联系，通过与他们的交流与互动，深入了解他们的需求与期望。这不仅仅是对外部形态的模仿，更是对乡村社会生活本质的理解。例如，一些乡村可能以农业为主，乡村的经济活动、社交互动和休闲娱乐的形式都与土地密切相关。在这种情况下，设计师需要在设计中考虑如何优化土地使用，如何在保障农业功能的基础上，提升人们的生活质量。同时，乡村的文化传统和民俗活动也不应被忽视，如何将这些文化元素融入设计方案中，成为一个重要的考量点。

与乡村社会的互动不仅能帮助设计师理解居民的日常需求，还能促进对当地文化精髓的领悟。在与当地居民和文化传承者的对话中，设计师能够更好地感受到这些文化背后的情感与精神内涵。这种情感和精神不仅仅体现在具体的物质文化中，还表现在乡村人们的价值观、审美标准和生活方式上。乡村的艺术表现形式、手工艺品，甚至是方言、歌谣等语言符号，都是当地文化的重要载体，它们蕴含着深厚的文化积淀与地方特色。设计师应当将这些元素与现代设计理念结合起来，探索出一种既保留传统特色又符合现代需求的设计语言。与此同时，设计师还需关注乡村的自然环境，乡村的地理特点往往是本土文化的一部分。无论是山川湖泊，还是气候条件，乡村的自然环境与当地人的生活密切相关。设计师要从自然景观出发，考虑如何与周围的自然环境和谐融合。比如，土地的利用方式应考虑到当地的土壤类型和水源条件，而建筑的材料选择则要尊重当地自然资源的特点。与自然和谐共生的设计不仅能够提高设计的可持续性，还能更好地体现地方文化的独特性。设计师应深入理解这种人与自然的关系，寻找出符合当地环境条件的最佳设计方案。

对乡村本土文化的深度理解，还需要站在未来发展的视角，考虑如何在尊重传统的基础上实现创新。乡村的振兴不仅仅是对传统文化的守望，它同样需要适应现代社会的发展需求。设计师需要思考如何在保留传统乡土特色的同时，推动乡村的现代化和可持续发展。比如，如何在设计中引入绿色建筑理念，如何改善乡村的交通与基础设施，如何提升乡村居民的生活质量，这些都是需要设计师深入思考的问题。

深入理解本土特色，并不仅仅意味着照搬乡村的外在形态，而是要把乡村的精神内涵与现代设计理念结合起来，形成具有地方特色的独特风格。设计师的责任不仅是创造美丽的景观，更是要通过设计帮助乡村实现文化的延续与复兴。在这个过程中，设计师不仅是一个技术执行者，更是文化的传承者和创新者，肩负着将传统文化与现代需求完美结合的重任。

三、创新设计方法的应用

乡村振兴战略的实施，为我国乡村的发展带来了前所未有的机遇与挑战。在这一过程中，规划设计作为乡村振兴的重要组成部分，面临着前所未有的创新需求。传统的乡村规划设计方法已经无法完全适应当今时代的需求，乡村的未来发展不仅要考虑人口、经济等传统因素，还要重视生态环境、文化传承、社区互动等综合因素。因此，如何运用创新设计方法，特别是新兴的数字化技术、可持续发展设计等手段，成了乡村规划设计中的关键问题。

数字化技术的迅猛发展为乡村规划设计提供了全新的视角和手段。在过去，乡村规划设计往往依赖手工绘制的图纸和有限的地理信息数据，设计过程效率低，信息准确性和可视性也受到限制。而现在，通过大数据、遥感技术、人工智能等数字化工具，设计师能够更加精准地获取乡村的地理、生态、气候等多方面的信息。这些信息不仅有助于对乡村现状进行全方位的分析，还能为未来的规划提供科学依据。通过数字化手段，设计师能够在虚拟环境中模拟不同规划方案的效果，从而提前评估其可行性，避免了传统设计中可能存在的盲目性和低效性。

数字化技术的运用不仅限于数据收集与分析,更为乡村设计的互动性和参与性提供了新的可能。通过建立数字化平台,乡村居民和其他利益相关者可以实时参与到规划设计的过程中,提出意见和建议,甚至通过虚拟现实等技术直观地感知规划效果。这种互动式设计方法有助于打破过去规划设计中专家主导的局面,推动乡村规划向更加民主、透明的方向发展。数字化技术还使得规划设计过程更加高效,可以快速生成设计方案,缩短设计周期,降低成本,并且通过云计算等技术实现设计成果的共享和存储,确保数据的长期可用性和维护。

在乡村振兴的背景下,可持续发展设计理念也逐渐成为规划设计中的重要方向。乡村振兴不仅仅是经济的发展,更是生态环境和社会文化的全面振兴。过去,一些乡村地区在进行建设规划时,往往过度依赖自然资源的开发,忽视了环境的承载能力和生态平衡,导致了许多环境问题的出现。为避免这些问题的重复发生,乡村规划设计必须融入可持续发展理念,从资源利用、生态保护、能源消耗等多方面考虑,推动乡村的绿色发展。

可持续发展设计的核心思想是最大程度地减少对环境的负面影响,同时提升乡村自身的自我发展能力。在乡村振兴的规划设计中,设计师需要从生态保护的角度出发,优化土地的利用方式,避免不合理的开发行为。比如,设计时可以充分考虑水资源的保护,利用雨水收集和循环利用系统,减少对地下水的依赖。同时,利用自然资源进行能源生产,如太阳能、风能等可再生能源,不仅可以降低乡村的能源消耗,还能推动绿色经济的发展。此外,乡村振兴还要求保持和发展乡村的独特自然景观和生态环境,通过生态修复、植被恢复等手段,改善乡村的生态系统,为当地居民提供更好的生活环境。

乡村的文化传承同样是规划设计中的一个重要方面。乡村振兴不仅仅是经济和物质条件的提升,更是在文化、精神层面的复兴。创新设计方法不仅要考虑自然环境的可持续性,还要关注乡村独有的历史文化资源。设计师在进行乡村规划时,不能忽视这些文化遗产,而应通过设计方案的创新,使得传统文化得以传承和弘扬。例如,在建筑设计中,应尽量保留和恢复具有历史意义的建筑风貌,同时融入现代化元素,以符合当代人的生活需求。通过这种方式,既保留了乡村的传统特色,又能够提升乡村的现代化水平,增强乡村居民的文化自信。此外,创新设计方法还应注重乡村社区的社会发展。在现代社会,乡村不仅仅是农业生产的基地,更是社会活动的场所。如何通过设计提升乡村社区的凝聚力和互动性,成了规划设计中不可忽视的一环。乡村振兴需要鼓励不同社会群体的交流与合作,构建更加和谐的社会环境。设计师可以通过公共空间的规划,创造适合不同群体活动的场所,如社区中心、文化广场等,增强居民之间的交流与互动,提升社区的凝聚力。另外,乡村振兴还需注重与城市的连接与融合,如何通过交通、信息等基础设施的建设,打破城乡发展的壁垒,使得乡村能够更好地融入城市化进程中,提升乡村的生活品质和发展潜力。

第四章　土地利用与空间布局

土地资源的科学配置和合理利用是实现乡村振兴的基础之一。如何在有限的土地资源上实现高效、可持续的开发,如何进行合理的功能分区与土地利用模式的规划,是乡村振兴的重要课题。本章将探讨土地资源优化配置、功能分区与土地利用模式的设计原则,深入分析绿色基础设施的规划与建设,并对乡村空间形态与发展策略进行探讨。随着乡村振兴的深入推进,土地利用的效率与生态环境保护之间的平衡尤为关键。如何合理规划土地使用,提升空间利用效率,同时兼顾生态环境保护,是本章研究的核心议题。

第一节　土地资源的科学配置与优化

一、土地资源调查与评估

土地资源调查与评估是一项综合性、系统性的工作,涉及对土地资源现状的全面了解与深入分析。其核心目标在于为土地资源的合理配置和可持续利用提供科学依据,确保在多元化的需求和有限的资源之间找到平衡。开展土地资源调查与评估工作,不仅是为了解决土地利用的具体问题,更是对国家、地区和社会发展的宏观把控,目的是为制定相关政策、规划和决策提供数据支持和理论依据。

土地资源的调查工作首先需要系统地获取土地的基本信息,这包括土地的数量、质量、分布、使用现状、开发潜力等多个维度。在数量方面,调查者需详细记录各类土地的面积,包括耕地、林地、草地、水域、建设用地等各类土地的实际面积以及其历史变化情况。在质量方面,主要涉及土地的自然属性和利用价值,如土壤的肥力、土地的承载能力、水资源的供给情况、气候条件的适宜度等。分布则着重分析土地在空间上的布局,尤其是不同类型土地的区域分布特征,以便从空间维度把握土地资源的整体格局。

土地资源的质量评估是土地调查中至关重要的环节,它直接关系到土地能否在特定条件下达到最佳利用状态。质量评估不仅需要考虑土壤的物理化学特性,还需要关注土地的生物多样性、生态环境的稳定性、土地的可持续性等方面。例如,某些地区的土地可能由于过度耕种、污染或自然灾害的影响,质量已经显著下降,而另一些土地则可能因为地形、水文条件优越,具备较高的农业或建设利用价值。因此,对土地质量的评估需要多角度、多层次的考量,并在此基础上做出合理的等级划分。在调查过程中,对土地资源的空间分布进行详细的分析尤为关键。这不仅仅是对土地类型的简单记录,更要深入挖掘土地的潜在价值和开发前景。不同地区的土地分布往往呈现出明显的地理差异,一些地区土地资源丰富,适合发展农业或生态保护,而另一些地区则可能面临土地贫瘠、环境恶化等问题。因此,土地资源调查不仅要覆盖地理分布的广度,还要有针对性地分析不同区域的特点,为后续的土地规划和政策制定提供基础数据。

为了确保土地资源调查的科学性和准确性,通常需要采用多种手段和技术手段来进行数据采集和分析。这些手段包括遥感技术、地理信息系统(GIS)、地面实地勘查等。遥感技术能够在短时间内提供大范围、高分辨率的土地覆盖类型和变化情况,地理信息系统则有助于对土地资源的空间分布进行精准的可视化展示,帮助分析人员识别潜在的土地利用冲突或开发潜力。地面实地勘查则是在对遥感数据和 GIS 分析结果进行验证的基础上,进一步深入具体的地块上进行实地测量和样本采集,确保调查数据的准确性和可靠性。

土地资源的评估则是在调查数据的基础上进行的,它不仅包括对土地的现状评估,还要预测土地的未来潜力。土地评估的核心任务是根据土地的自然条件、市场需求、政策导向等因素,对土地进行价值判断。这一过程中,专家的知识和经验起着至关重要的作用,尤其是在评估土地的开发潜力和资源承载能力时,需要结合土地的生态功能、环境承载力以及其在不同利用模式下的可持续性。评估结果能够帮助政府和相关部门制定出适合不同地区的土地利用政策,优化资源配置,避免土地过度开发或资源浪费的现象。除了土地的自然属性,社会经济因素也是土地评估中的重要考量。随着社会经济的发展,土地的价值不仅仅体现在农业生产功能上，更在于其在工业、商业、住宅等方面的开发潜力。例如，一些原本农业用途的土地，可能因为交通便利、周边设施完善等原因，成为重要的商业开发区域。因此，土地资源的调查与评估，不仅要注重土地的物理和生态条件，还要关注其与社会经济发展之间的相互关系。

土地资源的调查与评估工作是一个动态过程，随着时间的推移，土地资源的数量、质量、分布等情况可能会发生变化。自然因素如气候变化、灾害等，或人为因素如政策调整、市场需求变化等，都可能影响土地的利用状态。因此，土地资源调查与评估工作需要定期进行更新，以适应不断变化的社会和经济需求。在此过程中，数据的长期积累与更新将为土地管理提供越来越精准的依据，使得土地资源能够得到更科学、合理的利用。

二、土地利用的合理规划

土地是人类生存和发展的基础资源，合理规划土地利用是确保社会经济可持续发展的重要环节。随着人口的不断增长和经济活动的日益增多，土地资源面临着日益严峻的压力。如何在有限的土地资源上实现资源的最优配置，既满足当前的需求，又为未来的发展留足空间，成了全球各国共同面临的重要课题。

合理规划土地利用的核心目标是根据不同地区的资源特点和需求状况，科学配置土地用途，提高土地使用的效率，避免资源的浪费和环境的过度负担。在这一过程中，必须充分考虑自然条件与社会经济需求的相互作用，保障生态环境的可持续性，推动经济的协调发展，同时确保社会的公平与福利。

土地的资源特点通常包括地理环境、气候条件、土壤质量、水资源分布等自然因素，同时也需要考虑到当地的社会经济结构、人口密度、产业布局等人文因素。合理的土地利用规划应当从这些多维度出发，全面分析区域的资源优势与制约因素，进而制订出切实可行的土地开发和保护方案。

土地利用的合理性，首先体现在土地功能的精准划分上。每一块土地都有其独特的使用价值与功能要求，因此要避免对土地资源的单一化或过度开发。例如，农业用地应当优先用于粮食生产和农作物种植，城市建设用地则应集中在基础设施建设和商业服务等领域，避免不同功能区域的冲突。同时，土地的利用规划要充分尊重生态环境和生态系统的承载能力,避免过度开发对生态系统造成不可逆的破坏。

在土地利用规划中,需要严格区分建设用地与非建设用地,避免低效和浪费的土地使用。建设用地的选择要根据城市化进程、交通运输体系、工业园区等需求来合理布局,尽量提高土地的利用密度和综合效益。而非建设用地,如农田、森林、湿地等自然资源,要根据其生态功能和保护要求进行科学规划,防止过度开发或改变土地的自然属性。

合理的土地利用规划不仅仅是对空间的安排,还应当结合区域的经济发展需求进行综合考虑。各地区经济发展水平不一,资源禀赋差异较大,因此土地利用的重点和方式也应有所不同。经济发达地区可以集中精力推进城市化建设,发展高科技产业和现代服务业;而资源丰富或农业条件优越的地区则应当注重农业生产的提高,推动绿色农业和农村经济的可持续发展。与此同时,对于一些欠发达地区,土地资源的开发应更多地侧重于基础设施建设和民生改善,推动区域经济的整体发展,避免过度集中资源而导致区域差距的加剧。

土地利用的合理规划还必须兼顾社会公平与可持续性。一方面,土地资源的配置需要尊重不同社会群体的需求,避免某些特定群体过度占用土地资源,造成贫富差距和社会矛盾。另一方面,土地资源的开发也必须考虑到生态环境的可承载性和人类社会的长远利益,避免在追求短期经济效益的过程中忽视了环境保护和生态修复的需求。因此,土地利用规划不仅是一个经济问题,更是一个社会和环境问题。

土地的合理利用和规划,还必须结合现代科技手段进行。随着信息技术和大数据分析的迅速发展,土地利用规划可以借助遥感技术、地理信息系统等手段,实时监测土地使用状况,进行动态管理。这些技术手段不仅可以提高土地利用的精准度,还能够在发现资源浪费或环境损害时,及时调整规划方案,避免出现不可逆的损失。同时,通过这些先进的技术手段,规划者还能够更好地预测土地需求的变化趋势,做到先见之明,从而为未来的发展预留足够的空间。同时,土地利用的规划必须注重政策的引导和制度的保障。政府在土地利用规划中的角色至关重要,不仅需要通过政策对土地资源进行有效调控,还要通过立法和监管措施保障土地利用的公正性与规范性。合理的土地政策应当支持绿色发展,鼓励土地资源的节约和循环使用,防止土地资源的浪费和过度开发。尤其是在全球气候变化和生态环境日益恶化的背景下,土地利用规划必须把生态保护放在重要位置,实现人与自然的和谐共生。

土地利用的合理规划,最终目的是通过优化土地资源配置,促进社会经济的可持续发展,改善民众的生活质量,保护生态环境,推动整个社会向更加公平、绿色、繁荣的方向发展。土地资源的有限性与需求的多样性使得土地利用规划成为一项复杂而庞大的系统工程,既需要科学的理论指导,也需要切实可行的政策措施,更离不开各方的共同努力和智慧。在未来的发展过程中,只有不断提高土地利用效率,实现土地资源的可持续利用,才能为人类社会的长期繁荣提供坚实的基础。

第二节　功能分区与土地利用模式

一、居住用地的规划与配置

居住用地的规划与配置是城市发展过程中至关重要的一部分。它不仅关乎着人们的日常生活质量,还直接影响到城市的可持续发展、环境保护、资源利用以及社会和谐。因此,针对不同区域的特点进行科学合理的居住用地规划,不仅是提升居住质量的基础,也是城市化进程中不可或缺的一环。

在城市规划中,居住用地的配置需要紧密结合城市的空间布局与发展方向,考虑到不同城市区域的功能分区、人口密度、公共设施的布局以及交通网络的完善。在大多数城市中,核心区通常已经高度集聚了商业、文化、教育等功能,这些区域的居住用地往往处于高密度状态。此时,规划者需要精确衡量人口数量与空间资源的比例,以避免过度集聚造成的生活质量下降,如空气污染、噪声污染、交通拥堵等问题。同时,核心区的居住用地配置应注重功能的多样性,不仅要满足高密度人口的基本居住需求,还要与商业、文化、休闲等功能区相结合,提供一个集生活、工作与娱乐于一体的复合型空间。这种集约化、高效能的居住用地配置,能够促进城市的高效运转和居住质量的提升。

郊区则与城市中心在居住用地配置上有所不同。郊区地区的居住用地规划应当充分利用其较为宽敞的空间优势,合理分布居民区与公共设施。郊区通常有更大的土地储备,因此可以通过低密度的方式进行居住用地的布局,这样能够避免高密度城市带来的生活压迫感,也能提供更多绿地、公共开放空间以及休闲设施。然而,低密度规划不仅仅意味着房屋之间的空间更为宽敞,还需要在交通、教育、医疗等配套设施的建设上做好充分准备。随着城市化的推进,郊区地区往往会面临日益增加的流动人口,这就要求规划者提前考虑如何通过优化交通网络、提升公共服务水平,避免人口过快增长导致的基础设施过载。因此,郊区的居住用地规划,除了考虑土地的有效利用,还要具备长远的可持续性和应对未来发展的能力。

相比城市与郊区,农村地区的居住用地配置面临的挑战与机遇有所不同。农村地区的居住用地规划往往侧重于土地的保护与可持续利用。随着农业现代化的推进,部分农村地区逐渐出现人口外流的现象,但与此同时,也有部分地区因为近郊化的影响,开始出现人口回流的趋势。为了更好地满足农村人口的居住需求,并提升其生活质量,农村居住用地的配置应当关注土地的合理流转与利用,避免过度开发导致生态环境的破坏。在进行居住用地规划时,需要考虑到农村地区的地理位置、气候条件、土地资源及其现有的社会经济状况。例如,在山区和丘陵地带,由于地形条件的限制,居住用地的规划就必须遵循自然条件的约束,避免破坏生态环境。与此同时,农村地区的居住用地规划应考虑到农民的生活习惯与生产方式,确保居住与生产功能相互协调,提升居住环境的同时,也兼顾农民的生计和经济效益。

除了区域差异,居住用地的配置还需要深入考虑人口结构的变化与社会需求的多样化。在一些大城市,由于人口激增与土地紧张,居住用地规划不仅要解决住房问题,还需要面对大量外来人口的安置与生活条件的改善。对于这些地区,规划者需要充分利用垂直空间,通过高层住宅的建设来缓解土地资源紧张的问题。同时,这些住宅区还需要充分考虑居民的社交需求、心理需求以及生活的便捷性,提供更加舒适的公共空间与生活设施,提升居民的居住幸福感。

随着社会的发展和技术进步,智能化和绿色建筑的理念逐渐融入居住用地的规划中。未来的居住区将不仅仅满足基本的居住功能,还将注重节能环保、智能化管理、公共服务的便利化等因素。因此，居住用地的规划将会更多地关注生态环境的保护和绿色建筑材料的应用。在一些城市中心区，居住用地的配置可能会借助智能化的交通系统、绿色建筑以及数字化管理系统等方式来提升居住体验。这种科技与环保相结合的居住环境，不仅能大幅提升居住质量，还能有效推动城市可持续发展的进程。

二、商业与工业功能分区

在现代城市的发展过程中，如何合理划分商业和工业功能分区，已成为一个至关重要的议题。商业与工业作为经济活动的重要组成部分，它们的布局直接影响着城市的经济发展、社会结构、环境保护以及土地资源的可持续利用。因此，合理的规划与分区不仅有助于提升土地使用效率，还能够推动区域经济的协调发展，促进社会的可持续繁荣。

在考虑商业和工业用地功能分区时，要根据不同区域的经济特点、资源禀赋以及发展潜力来进行整体规划。商业区通常集中了零售、餐饮、办公等服务功能，它们需要良好的交通网络、充足的基础设施以及较高的人流密度。因此，商业功能区往往选择在人口密集、交通便利的区域，如城市中心或交通枢纽附近。这样能够确保商业活动的高效运转，同时也方便消费者的出行和商家的经营。此外，商业区的建设往往要求周边具备一定的社会服务设施，如停车场、公共厕所、休闲区等，以提高居民和游客的便利性。相比之下，工业区则侧重于生产和制造等重工业或轻工业活动。工业用地的布局需要考虑到资源的配置、环境影响以及物流需求。工业区往往需要远离居民区，以避免噪声、污染和其他负面影响对居民生活质量的影响。同时，工业区也应当具备良好的交通连接，尤其是与主要的运输通道和港口的联通，以保障生产物资的快速流通和产品的及时配送。

商业与工业功能分区的合理性，体现在土地资源的合理利用上。随着城市化进程的不断推进，土地资源变得日益紧张，如何在有限的土地上实现最大化的经济效益，成了城市规划中的重要课题。通过科学合理的功能分区，可以有效避免不同功能区之间的冲突。例如，将高噪声、污染较大的工业区与商业区分开，可以减少对商业活动的干扰，保障商业区的正常运营。同时，合理的功能分区还能确保各类资源的最优配置，促进不同区域间的协调发展。在确保土地资源的可持续利用方面，合理的功能分区有助于减少土地浪费和环境污染。商业区和工业区的规划应当尽量避免盲目扩张和无序发展。随着环保意识的不断提升，工业区的建设需要遵循环境保护的标准，尤其是在土地利用和能源消耗方面，必须采取更加可持续的方式。对工业区的规划不仅要考虑当前的经济需求，还需要预见到未来的产业升级与转型，保证工业用地的长期可持续性。

城市的商业和工业功能分区，还应当考虑到社会和经济的整体协调。工业区的布局往往与地方经济的发展密切相关，它不仅影响着城市的就业机会，还关乎产业链的完善和集聚效应的形成。在一些地区，工业区的集中建设能够形成产业集群，从而提升整体的产业竞争力。与此同时，商业区的规划也应考虑到人们的消费需求与生活方式的变化。随着社会的进步和消费观念的转变，商业区的功能和形式也在不断演变。在这样的背景下，合理的商业区规划不仅需要具备市场敏锐度，还要注重文化、历史、社会多样性的融合，以更好地满足居民和游客的需求。

在未来的城市规划中，商业与工业功能分区还要考虑到智能化和数字化的发展趋势。科技进步尤其是人工智能、大数据和互联网的快速发展，正在改变传统的商业和工业模式。商业区可能会出现更多以数字化、智能化为基础的新型商业形态，而工业区的生产方式也将更加注重自动化和绿色环保。这些变化对土地利用和资源配置提出了新的挑战和要求，要求规划者在划定功能区时，要具有前瞻性，能够适应未来的发展需求。尤其是在土地资源稀缺和环境保护日益重要的背景下，如何合理利用每一寸土地，并确保其长期可持续性，成了规划设计中的重点。

第三节　绿色基础设施的规划设计

一、城市绿地系统的规划

城市绿地系统的规划是现代城市发展中不可或缺的一部分，它不仅是城市景观的重要组成部分，也是保障城市生态平衡、提高居民生活质量的关键所在。在城市化进程不断推进的背景下，科学规划城市绿地系统显得尤为重要。城市绿地系统的设计与建设，不仅要考虑其美学和功能性，更要注重生态环境的可持续性和社会文化的融合。通过合理的规划，可以有效地增强城市的生态功能，改善空气质量，调节气候，保护生物多样性，并为城市居民提供一个健康、舒适的生活环境。

城市绿地系统的规划需要紧密结合城市的实际情况，包括地理环境、气候条件、人口密度以及城市的发展方向等因素。在这个过程中，设计者不仅要充分考虑绿地的分布和数量，还要注重绿地与城市功能区的衔接与互补。一个科学合理的绿地系统规划能够有效地调节城市热岛效应，缓解城市发展带来的环境压力。例如，绿地可以通过吸收二氧化碳，释放氧气，改善空气质量，提供更好的空气循环；它还可以降低城市的噪声污染，为居民提供一个更加安静的生活环境。此外，绿地还具有调节气候、涵养水源的功能，这些生态效益在城市环境中起到了至关重要的作用。

城市绿地的规划不应仅仅局限于公园、花园和街头绿化带等形式，它还应该包括具有多功能性的绿道、湿地和生态保护区等不同类型的绿地空间。这些绿地不仅为居民提供了休闲、娱乐、运动的场所，还可以作为城市自然环境的重要组成部分，发挥着保护生态、改善环境质量的作用。绿道的建设可以与城市的交通网络相结合，形成便捷的步行和骑行通道，既能减少机动车辆的排放，又能增加市民与自然的亲近感。而湿地和生态保护区则可以保护一些珍稀的动植物物种，促进城市生物多样性的保护，增强生态系统的自我修复能力。

在进行绿地系统规划时，需要注重绿地的连通性和系统性。这不仅意味着要考虑绿地之间的空间连接，还要考虑不同类型绿地之间的功能联系。例如，城市中的小型绿地可以通过一条条绿色廊道与大型公园或生态保护区相连接，形成一个庞大的生态网络，这样可以为城市中的动植物提供更多的栖息地，也能为人们提供更丰富的绿色空间。此外，绿地的规划还应考虑到居民的需求和使用习惯，绿地布局应尽量均匀，避免出现绿地资源分布不均或过于集中于某个区域的情况。科学的绿地系统规划能够确保所有居民都能在生活和工作中方便地享受到绿地带来的生态益处。

除了生态和环境效益，城市绿地的规划也应关注社会文化和历史传承的因素。城市绿地作为公共空间，往往承载着丰富的文化内涵，它们不仅仅是自然景观的展示，也常常成为人们交流、聚会和休闲的重要场所。因此，在绿地系统的规划中，设计师应考虑到城市的历史背景和文化特色，将其融入绿地设计中。例如，一些历史悠久的城市绿地可能是某些文化活动的发源地或见证地，保护这些绿地并赋予其新的文化功能，能够提升城市的文化品位，并为居民提供更有意义的公共空间。此外，随着城市生活节奏的加快，居民对公共空间的需求也在发生变化，绿地不仅需要提供自然的景观，还需要兼顾人们的休闲、社交、娱乐和体育等多样化需求。在绿地的设计中加入适当的公共设施和服务功能，如运动场、文化广场、步道和儿童游乐区等，能够大大提高绿地的利用率和居民的满意度。

在城市绿地系统的规划中，另一项不可忽视的因素是绿色基础设施的建设。绿色基础设施是指通过自然过程提供服务的基础设施，它包括雨水管理系统、城市森林、湿地公园、生态屋顶等。与传统的灰色基础设施相比，绿色基础设施能够更有效地吸收雨水、减少洪水风险，并通过植物的蒸腾作用调节城市微气候，改善空气质量。通过在绿地系统中增加绿色基础设施，能够增强城市的生态韧性，提升城市应对气候变化的能力，同时为居民提供更加健康的生活环境。

随着全球气候变化的日益严峻，城市绿地的规划也需要具备前瞻性。未来的城市绿地不仅要适应当前的生态和社会需求，还需要考虑到未来城市发展的变化，预留足够的空间和资源，以应对人口增长、气候变化等带来的挑战。例如，绿地设计需要考虑到如何应对极端天气事件，如洪水、干旱等，以确保城市在面对气候变化时具有足够的适应能力。因此，城市绿地系统的规划不仅要注重当前的生态需求，还要具有长远的眼光，为未来的可持续发展奠定基础。

二、水系网络的生态化建设

水系网络的生态化建设是一项系统性、综合性的工程，它不仅要求对现有的水系进行合理规划，还需要结合当地的自然地貌和水系特点，通过一系列生态修复和环境改善措施，提升水体的自净能力，改善水环境质量，推动生态文明建设。

生态化建设的核心在于恢复和重建水系的自然功能。传统的水系建设往往侧重于排水、调节水量等功能，忽视了水系对生态环境的承载能力。而在生态化建设中，水系被视为一个复杂的生态系统，不仅是水流的通道，也是水生生物和其他生态要素赖以生存的空间。因此,生态化建设要从水系的自然形态出发,深入研究水系的水文特点、地质结构和生物多样性等因素,结合实际情况,选择最适合的生态修复方案。

具体来说,水系的生态化建设要注重水质的自净功能。在传统的城市水系中,由于大量的污染物排放,水体自净能力严重下降,许多水体出现了富营养化、缺氧、污染物积累等问题。而通过生态化改造,可以通过增加湿地植物、改善水生植物群落结构等方式,增强水体的自净能力。湿地植物如芦苇、蒲公英等不仅能够吸收水中的有害物质,还能通过植物的根系过滤水中的悬浮物,促进水体中的微生物降解有机物。这种通过植物、微生物和水体之间的协同作用,提高水质自净能力的方式,能够有效改善水质,减少污染物对环境的负面影响。

此外,水系的生态化建设还要考虑水体的生态多样性和生物栖息地的建设。在自然状态下,水系常常是多种水生生物的栖息地和食物链的基础。因此,在进行水系生态化改造时,应该注重提升水域的生物多样性,包括水生植物、浮游生物、底栖生物以及水鸟等的栖息环境。通过增加水生植物带、湿地、岸滩等生态景观,可以为水生生物提供更丰富的栖息空间,从而增强整个水系的生态稳定性。通过构建多样化的栖息环境,不仅能够促进水体生态平衡,还能为水域内的各种生物提供栖息和繁衍的条件,使其能够在更自然的生态环境中繁衍生息,进而改善水域的生态功能。

在水系生态化建设过程中,水流的管理也是一个重要的方面。自然水系的水流通常具有一定的规律性和变动性,能够促进水体与周围生态环境的互动。然而,随着城市化进程的加速,许多水系的流态发生了改变,部分河道被填埋或改建,导致水流的流速和流量发生剧烈变化。这种人为干预打破了水系的自然规律,进而影响了水体的自净能力和生态系统的稳定性。因此,在水系生态化建设时,需要根据水系的实际情况,合理调整水流的速度和流向,恢复水系的自然水文状态。在一些地区,可以通过人工湿地、生态堤坝等方式,调节水流,恢复水体的自然流态。通过这些措施,能够促进水流对水体的氧气输送,增强水体的自净功能,同时还能够为水生生物提供适宜的栖息条件,推动生态系统的良性循环。

水系的生态化建设不仅仅是技术上的改造,还需要在社会管理和公众参与方面取得突破。要推动水系生态化建设，必须通过立法、政策、教育等多方面的努力，提升全社会对水体生态保护的认知和参与度。政府可以通过出台相关政策，鼓励和支持水系生态化建设项目，同时加强对水体污染的监控和治理。与此同时，应当通过公众宣传和教育，增强人们的环保意识，倡导绿色生活方式，减轻对水体的污染负担。此外，水系周围的生态环境与水系本身密切相关，周围的土地利用、植被覆盖、城市规划等因素都会对水系的生态功能产生影响。因此，在进行水系生态化建设时，还需要综合考虑周围环境的治理与保护，形成一个良好的生态环境整体。

三、交通基础设施的绿色发展

在现代社会，交通已经成为经济发展的重要支柱之一，但其带来的生态环境问题却逐渐引起了广泛关注。传统的交通规划和建设往往侧重于提升交通效率、满足人们出行需求，而忽视了交通活动对生态系统的破坏。随着可持续发展理念的普及，绿色发展逐渐成为交通基础设施建设的核心目标之一。绿色发展不仅仅是对传统交通建设模式的改进，它代表了一种全新的思维方式，强调在交通规划、建设和运营的各个阶段，注重生态环境保护与资源的高效利用。

交通基础设施的绿色发展，要从规划阶段着手。传统交通规划通常侧重于道路的数量与长度、交通枢纽的布局等硬件建设，而绿色交通规划则更加注重生态环境的承载能力以及交通设施与自然环境的融合。在交通路线的选择上，绿色设计理念倡导避开生态脆弱区域，比如湿地、森林、野生动植物栖息地等敏感区域。这样做不仅能够减少对生态环境的干扰，还能确保生态功能的长期稳定。通过合理的选址与规划，能够最大限度地减少交通建设对土地、植被、水资源和动植物生物多样性的影响，从而为生态环境的可持续发展创造条件。

在交通基础设施的建设过程中，绿色发展理念的融入也至关重要。工程建设的每一个环节，都可以通过采取先进技术和环保材料来降低对环境的负面影响。例如，在道路的施工中，可以使用透水性材料，减少雨水径流的同时促进水资源的自然渗透；对于桥梁等高大构筑物的建设，则可以采用更加节能、低碳的建筑材料，以减少施工过程中的碳排放。在建设过程中，也应尽量减少对周围生态环境的破坏，避免破坏水土，减少施工噪声与污染。这些措施不仅能够使交通基础设施建设更加环保，还能够在一定程度上降低生态修复的难度与成本。

而对于已经建成的交通基础设施，绿色发展的理念依然可以体现在其运营和管理上。在交通设施的日常维护中，可以通过加强绿化带建设、种植树木和植被来提高道路和枢纽的绿化率，这样既能美化环境，又能提升空气质量，减少热岛效应。此外，还可以利用智能化交通管理技术，提高交通流量的调控能力，减少交通拥堵和空驶现象，进一步降低能耗和排放。对交通设施的能源利用和管理也应注重节能降耗，例如，在交通灯和路面照明的设计中，应用太阳能等可再生能源，减少对传统能源的依赖，实现能源的低碳化和可持续利用。

绿色交通的发展离不开公共交通系统的优化与发展。公共交通作为一种高效、低碳的出行方式，是实现绿色交通目标的重要途径之一。通过鼓励市民选择公共交通出行，可以有效降低私人汽车的使用频率，减少交通拥堵和尾气排放。因此，在交通基础设施建设中，应优先考虑公共交通的优先权和便捷性。例如，可以在城市道路系统中优先规划公共交通专用道，设立更为便捷的换乘枢纽，提升公共交通的服务质量与可达性。此外，在车辆的选型上，推广新能源公交车和低排放车辆，减少交通工具的污染排放，从而降低城市空气污染与碳排放。

智能交通系统的应用，也是推动交通基础设施绿色发展的重要手段。智能交通通过大数据、云计算、物联网等先进技术，能够实现对交通流量、车速、交通状态等信息的实时监控与分析，从而优化交通信号配时和车流组织，减少不必要的交通拥堵和空驶现象。智能化交通系统不仅能够提升交通效率，减少能源浪费，还能有效降低因交通拥堵导致的排放和噪声污染。随着智慧城市的不断发展，智能交通系统的建设将为绿色交通提供更多的技术支持和保障。除了上述具体措施，政府在推动交通基础设施绿色发展方面也应发挥关键作用。政策的引导与法规的制定，将为绿色交通基础设施建设提供必要的法律和财政支持。政府应通过出台相关政策鼓励绿色交通基础设施的建设与发展，例如提供财政补贴或税收减免，支持绿色交通项目的投资和实施。同时，政府还应加强绿色交通的宣传和教育，提高公众的环保意识，倡导低碳出行、绿色出行。只有政府、企业和公众共同努力，才能推动绿色交通基础设施建设的顺利实施，达到环境保护与经济发展双赢的目标。

第四节　乡村空间形态与发展策略

一、村落的空间布局优化

随着乡村振兴战略的实施,越来越多的乡村面临着如何有效提升土地利用效率的问题。村落空间布局的优化不仅仅是对土地的合理分配,更是与自然环境和人类活动的和谐共生。在这个过程中,必须充分考虑自然资源的保护与开发利用之间的平衡,既要满足村落居民日常生活的基本需求,又要为未来的可持续发展奠定基础。

自然环境在村落空间布局优化中扮演着至关重要的角色。地形、气候、植被等自然要素直接影响着土地的使用效率。理想的空间布局应当尊重自然的规律,避免大规模的生态破坏。通过对自然环境的深入分析,村落规划能够因地制宜地设计出适应性强的空间结构。例如,山地村落的布局可能更多地依赖于梯田式的空间组织,而平原地区则能够更灵活地安排农业、居住和生产功能区。这种灵活多变的空间结构有助于减少土地资源的浪费,同时提升村落的整体生活质量和生产效率。

在村落发展的过程中,土地利用的优化并不是一蹴而就的。随着人口的增长和产业的变化,村落空间需求不断变化,如何合理规划这些空间成为关键。传统的村落空间布局往往存在着功能区划不明确、土地使用效率低下的问题。居住区、农业区、商业区和公共服务设施往往杂乱无章,缺乏系统性规划,这不仅影响了村民的生活质量,也限制了土地的有效利用。因此,空间布局的优化需要从根本上进行调整和改进,追求的是多功能融合与高效利用。

对于农业生产区来说,空间布局优化意味着要结合现代农业技术与传统农业方式,重新审视土地的使用方式。大规模的机械化农业生产可能需要较为宽广的土地,而小规模的生态农业则可能更加注重土地的精细管理和多样化利用。村落空间布局的优化需要根据这些差异进行合理安排,避免土地的过度开发或闲置。这要求村落规划者不仅要考虑土地的空间分配,还要思考如何通过技术手段提升土地的生产力,使得每一寸土地都能够发挥其最大的效益。

在居民区的布局上，优化空间的核心目标是提升居住质量和生活便利性。随着生活水平的提高，村民对居住环境的要求也不断增加。现代化的基础设施建设，如水电供应、道路交通、教育医疗设施等，成了村落规划中不可忽视的部分。优化空间布局意味着要合理安排这些公共服务设施的空间，使其能够最大程度地服务于村民的日常需求。与此同时，居住区的密度也需要根据实际情况进行调整，避免过度集中或过于分散，确保每个村民都能够享有足够的生活空间和良好的居住环境。此外，空间布局的优化还应关注生态环境的保护。村落的自然景观、森林、河流等生态资源是村民赖以生存的基础，同时也是村落可持续发展的重要保障。优化空间布局并不等于无节制的开发，而是要在保证生态环境不受破坏的前提下，合理利用土地资源。这可能意味着要增加绿地的规划，减少建筑密度，或者通过生态修复手段恢复部分退化的自然区域。通过这种方式，村落不仅能够提供更好的居住和生产环境，还能够提升其生态价值，形成良性循环。

随着时代的发展，科技手段的不断进步为村落空间布局优化提供了更多的可能性。智能化技术、物联网、大数据等工具使得空间管理变得更加精细和高效。通过对村落空间的动态监控与数据分析，村落规划者可以实时调整土地的使用方式，及时发现潜在的空间利用不合理问题，作出科学的决策。这种科技化的管理手段，不仅能够提升土地利用效率，还能够帮助村落提前预见未来发展趋势，避免盲目开发和资源浪费。

二、农村产业分布的合理化

农村产业分布的合理化，是推动乡村振兴和促进农村经济可持续发展的关键。随着现代化进程的推进，农村经济正面临着前所未有的挑战与机遇。在这一背景下，合理规划和布局农村产业，不仅有助于提升资源利用效率，还能有效避免产业结构的单一化，推动农村经济的多元化发展。

农村地区的资源禀赋通常表现为自然资源、劳动力资源、文化资源等方面的差异。每个地区的资源禀赋不同，产业布局自然也应因地制宜。这种合理化的产业分布，不仅要充分考虑到地理、气候等自然条件，还要结合社会经济发展需求和村民的生产生活习惯。通过因地制宜的产业布局，可以实现资源的最优配置，进而提高农村经济的整体竞争力。

农业作为农村经济的传统支柱,仍然在农村产业布局中占据重要地位。然而,单一的农业生产模式已无法满足当前农村经济发展的需求。在许多地区,农业与加工业、旅游业等产业的结合,逐渐成为促进经济多元化发展的有效途径。农产品加工业的推动,不仅能提高农产品的附加值,还能创造大量的就业机会,增强农民的收入来源。此外,加工业还能够依托农村的丰富原材料资源,推动当地的经济增长,缩小城乡差距。

对于某些资源丰富的地区,旅游业的引入则为农村产业布局提供了新的增长点。许多农村地区拥有得天独厚的自然景观和人文资源,这些资源成为发展生态旅游和文化旅游的重要基础。通过发展旅游业,农村不仅能够带动本地产业的多元化,还能实现传统农业与现代服务业的有效融合。旅游业的发展,往往伴随着基础设施建设的完善,从而改善当地的交通、通信等设施条件,提高了农民的生活质量,带动了农村社会整体的现代化。

产业合理化布局的核心,不仅仅是从单一产业的角度出发,更是要促进各产业之间的相互协同和资源共享。以农业为基础,结合加工业和旅游业的发展,可以形成一个互为支撑、互相促进的产业链条。在这一过程中,农业不仅仅局限于种植和养殖本身,它可以通过与其他行业的合作,实现产品加工、物流运输、品牌营销等多方面的延伸。加工业则可以充分利用农业剩余产品,避免资源浪费,提升产品的附加值,从而增强农业的市场竞争力。然而,推动产业合理化布局的过程并非一帆风顺。在许多农村地区,由于历史原因或自然条件的限制,产业发展面临着诸多瓶颈。如何在传统农业的基础上实现产业的转型升级,如何有效吸引投资,如何培养适应新产业的专业人才,都是亟待解决的问题。此外,政府在推动农村产业合理化布局的过程中,需发挥引导作用,制定有针对性的政策措施,提供必要的资金和技术支持,帮助农村地区克服发展过程中遇到的困难。

实现产业分布的合理化,不仅需要依托自然资源,还要强化人才的引进和技术的创新。农村产业的发展,不仅仅依赖传统的劳动力资源,更需要创新思维和技术的支撑。通过创新驱动,可以激发农村产业的内生动力,推动农业、加工业和旅游业等各产业之间的良性互动。通过科技手段的引入,可以提升农业生产效率,减小劳动强度,使农业生产走向精细化、现代化。同时,技术的创新还能够推动农产品加工业的发展,提升产品的市场竞争力,形成可持续发展的产业链。

产业的合理化布局,不仅仅是对经济资源的优化配置,更是推动乡村社会全面发展的重要途径。在多元化产业的支撑下,农村的就业机会将得到显著增加,农民的收入来源也将更加多样化。更重要的是,通过产业的合理布局,可以引导农村社会的结构性转型,促进农民从单一的农业生产者向多元化的经营者、服务者转变,推动整个农村经济结构的优化升级,最终实现农村社会的全面振兴。因此,农村产业分布的合理化不仅是经济发展的需求,更是社会进步的必然要求。通过科学的产业规划和合理的资源配置,农村经济有望实现更加持续、健康的增长,推动农村居民生活水平的不断提高,为乡村振兴战略的实施提供坚实的基础。

第五章　基础设施与公共服务建设

良好的交通网络、稳定的水电供应、完善的医疗教育服务等基础设施，都是实现乡村振兴的基石。本章将重点讨论乡村交通网络、基础设施建设以及公共服务设施布局，探讨如何通过合理的规划设计提升乡村居民的生活质量和幸福感。随着乡村振兴战略的全面推进，乡村基础设施的现代化成为必不可少的内容。本章将为读者提供关于基础设施与公共服务体系建设的综合性理论与实践指导。

第一节　交通网络与便捷连接

一、乡村公路建设与升级

乡村公路建设与升级是现代化农村发展过程中不可或缺的一部分。随着经济的不断发展和乡村振兴战略的实施，提升交通基础设施的质量与覆盖范围，不仅关系到农民的日常生活，更直接影响到农业生产、农产品的流通以及城乡一体化进程的推进。乡村公路不仅仅是沟通城市与乡村的纽带，更是实现区域经济发展、提高农村居民生活水平、促进社会整体进步的重要基础设施。因此，如何推动乡村公路网络的完善，成了政府和相关部门需要长期关注和解决的问题。

近年来，我国农村公路的建设迎来了前所未有的发展机遇。大量资金和政策倾斜已经投入乡村公路建设中，为改善乡村居民的出行条件、促进乡村经济的发展提供了有力保障。乡村公路建设不仅仅局限于新建道路的铺设，更多的工作体现在对老旧公路的升级改造上。许多原本狭窄、破损的乡村道路经过技术改造和拓宽，交通条件得到了显著提升，尤其是在一些交通不便的山区和偏远地区，这种改善尤为显著。

交通基础设施的完善对于提升乡村居民的出行便利性至关重要。随着道路质量的提升,乡村居民不再需要面对泥泞、坑洼的乡间小路,也不必担心在雨雪天气下出行的困难和危险。乡村公路的升级,不仅使得农民的出行更加便捷,还极大地促进了农产品的流通和销售。原本因为交通不便而限制了发展空间的农民,可以更加高效地将自己的农产品运往集市或城市,提升了销售的范围和收益。这种变化,使得乡村经济得到了实质性的提升,也为农民创造了更多的就业机会和增收途径。

除了对农产品流通的促进作用,乡村公路的建设对于提升乡村的社会服务功能同样起到了重要作用。道路通畅后,学校、医院、商业中心等社会服务设施得以迅速进入乡村,极大地改善了乡村居民的生活条件。尤其是医疗服务的提升,使得许多原本因为交通问题无法及时就医的患者,能够更快地获得治疗。乡村公路的升级,不仅是物理上的交通网络建设,更是乡村社会功能的一次全面提升。

在一些偏远地区,乡村公路的建设和升级,还意味着基础设施的进一步现代化。比如,信息网络的铺设、智能交通管理系统的引入等,使得乡村地区的交通管理效率得到了显著提升。这种交通管理的现代化,不仅使得乡村公路的通行效率更高,也降低了交通事故的发生率,保障了居民的出行安全。然而,乡村公路建设与升级过程中仍然面临着一些挑战。尽管资金和政策的支持力度不断加大,但由于地理条件、施工难度和地方经济发展水平的差异,一些偏远地区的公路建设仍然进展缓慢。此外,随着乡村人口的流动性增加,公路交通的需求也变得更加复杂。如何根据实际需求进行科学规划,确保公路建设的可持续性,仍然是各地需要解决的问题。

尽管如此,乡村公路的建设与升级已经取得了显著成效。越来越多的乡村实现了“通畅”和“安全”,为农村的发展提供了坚实的基础。而在未来,随着科技的进步和社会经济的不断发展,乡村公路建设的形式和内容也将不断创新,越来越多的智能化、绿色化交通方式将逐步融入乡村道路网络中。这些变化不仅将继续提升乡村居民的出行便利性,更将在推动经济发展、促进社会公平和提高生活质量方面发挥更加重要的作用。

乡村公路建设与升级,实际上是一个长期而系统的工程,需要政府、社会各界和乡村居民的共同努力与支持。通过不断优化道路建设质量,提升交通管理水平,乡村公路的全面升级将成为推动乡村振兴、促进农村现代化的重要力量。

二、区域交通枢纽建设

在当今社会,交通不仅是现代经济发展的血脉,也是区域协调与城乡一体化的关键。乡村与城镇之间的交通枢纽建设尤为重要,它不仅仅是连接城市与农村的通道,更承载着促进区域发展、改善城乡资源配置、推动社会和经济互动的重任。随着乡村振兴战略的全面推进,区域交通枢纽的建设与完善变得愈发迫切,成了推动城乡融合和经济共同发展的基础性工程。

乡村与城镇之间的交通联系,长期以来由于基础设施薄弱、交通方式不畅等问题,制约了农村经济的发展和城乡之间的资源流动。通过建设高效的交通枢纽,可以有效打破地域之间的交通壁垒,减少城乡之间的信息差距和资源隔阂。尤其是在农村地区,交通的不便导致了产品和劳动力的流动受阻,使得这些地区往往难以与周边城市形成有效的产业对接和市场融合。通过建设乡村与城镇之间的交通枢纽,不仅能够改善交通条件,提升农民的出行便利性,还能促进农产品、劳动力、资本、技术等要素的流动,进而提升农村经济的发展水平。

建设交通枢纽,不仅仅是为了方便人们的出行,更是为了更好地推动货物的流通。现代社会中,物流已成为各类经济活动的核心之一。乡村地区的农产品和城市的工业产品之间的交换,往往因为交通设施不完善而存在较高的成本,降低了资源配置的效率。通过完善区域交通枢纽的建设,可以大大降低运输成本,缩短货物运输的时间,使得城乡之间的物资流通更加顺畅,促进市场资源的高效配置。

交通枢纽建设的一个重要方面是提高城乡之间的互通性,尤其是要打破传统的单向流动格局,形成双向流动的良性循环。农产品可以更加便捷地进入城市市场,享受到更大的消费需求;而城市的先进技术、生产设备、资本等资源也能够快速流入农村,促进农村经济的现代化。通过这种资源的互通互融,不仅能够有效推动经济发展,还能带动农村基础设施的进一步完善,改善农民的生产和生活条件。

随着信息化和智能化技术的发展,现代交通枢纽的建设不仅仅局限于传统的硬件设施的搭建,还包括智能化管理系统的引入。高效的交通枢纽需要依托先进的信息技术,实施智慧交通、智能物流等系统,实时监控交通状况、调度运输工具,确保运输过程的高效和安全。这不仅能够优化交通流线，减少交通拥堵，还能够提高物流系统的运作效率，降低资源浪费和环境污染。

交通枢纽的建设与区域经济的发展紧密相连。乡村和城镇之间的交通互通，不仅能够促进两者之间的商品交换，还能够推动劳动力、资本、技术等要素的自由流动。这对于优化区域产业结构、推动城乡之间的协调发展具有至关重要的作用。特别是在一些经济较为薄弱的乡村地区，通过高效的交通网络建设，可以将这些地区融入更广泛的经济体系中，提升其参与区域经济竞争的能力。此外，交通枢纽的建设还能够吸引更多的投资，促进当地产业的升级和技术的引进，推动区域经济的高质量发展。

除了经济层面的作用，交通枢纽的建设还有助于促进社会文化的交流与融合。城乡之间的交通便捷，能够促进人员的流动，增强城乡之间的互动。通过人流的互动，城乡居民可以更多地了解彼此的文化、风俗和生活方式，增加相互之间的理解与认同。这种文化的融合不仅能够缓解城乡之间的差距，也为社会和谐与稳定提供了更加坚实的基础。因此，区域交通枢纽的建设不仅仅是单纯的交通工程，它还具有更深远的战略意义。通过建设高效的交通枢纽，不仅能够提升城乡之间的资源流动效率，促进经济和社会的双向融合，还能够推动整个地区的高质量发展。随着这一目标的逐步实现，城乡差距将不断缩小，区域经济将更加协调发展，社会的整体和谐程度也将不断提升。在未来，区域交通枢纽将成为连接城乡、促进区域一体化、推动现代化发展的重要纽带。

三、公共交通服务优化

在我国的乡村地区，公共交通服务长期以来存在较为显著的问题。随着社会的发展和人们生活水平的不断提升，乡村居民对公共交通的需求也日益增长。然而，由于经济发展不平衡、交通基础设施薄弱等原因，许多乡村地区的公共交通服务始终未能得到有效的提升。为了更好地满足乡村居民的出行需求，优化公共交通服务显得尤为迫切。

优化乡村公共交通服务的首要任务之一是增加公交线路。很多乡村地区由于人口分布较为分散，公交线路少且覆盖面窄，很多居民往往需要步行较长的距离才能到达最近的公交站点。而随着农村经济的不断发展,乡村的交通需求逐渐增大,单一的公交线路已经无法满足日益增长的出行需求。增加公交线路,不仅能有效覆盖更广泛的区域,还能解决许多农村庄之间交通不便的问题。通过合理规划新的公交线路,将人口较为集中或交通需求较为密集的乡村连成一体,形成更加完善的交通网络,从而提高乡村居民的出行效率,减少他们在交通上的时间和经济成本。另外,公交班次的安排同样至关重要。很多乡村地区的公交车班次安排不够合理,常常出现等车时间过长或错过班车的现象。这不仅影响了居民的出行体验,还在一定程度上增加了他们的出行成本。如果班次安排得不够精细,居民可能不得不选择其他交通方式,甚至放弃公共交通,转而依赖自驾或其他私人交通工具,这样一方面加重了交通压力,另一方面也影响了公共交通的可持续发展。因此,优化班次安排,特别是在高峰时段或者节假日时段,增加班车频次,可以有效解决交通拥堵的问题,提高交通系统的运行效率。

除了增加线路和调整班次,提升公共交通的可达性和便利性也是优化服务的一个重要方面。在很多乡村地区,尤其是偏远的村落,虽然设有公交站点,但由于交通条件差,站点位置较为偏僻,居民往往无法方便地到达这些站点。这就需要加强公交站点的建设和布局,确保每个居民区或人口较为集中的地方都能覆盖到一定的公交服务。与此同时,公交车的运营时间也需要进行适当的调整,考虑到乡村居民的出行特点,尤其是在早晚高峰期间,适当延长运营时间,方便居民上下班、上学等日常出行。此外,优化换乘的便利性也是提升公共交通服务的关键措施之一。通过对乡村公交系统进行智能化升级,推出更加便捷的换乘服务,居民可以更高效地完成多段旅程,减少中途等待的时间,提升出行的便捷性和舒适性。

乡村公共交通的优化还需要考虑到居民的经济承受能力。许多乡村居民的收入水平较低,过高的票价无疑会增加他们的出行负担,尤其是在一些交通不发达的地区,乡村居民本就面临较为严峻的生活压力,因此,票价政策应当更加亲民,确保不同经济水平的居民都能承担得起。这不仅能够鼓励更多人选择公共交通,缓解交通压力,还有助于提高公共交通的普及率和使用率,促进交通资源的合理配置和有效利用。此外,乡村公共交通的优化还应注重环保和可持续发展。随着人们环保意识的不断增强,传统的柴油公交车逐渐被更为环保的电动公交车所取代,这不仅有助于降低空气污染，还能减少对化石燃料的依赖，推动绿色交通的普及。在乡村地区引入环保型公交车辆，既符合时代发展的需求，也能提升公共交通服务的整体形象。

乡村公共交通服务的优化需要从多个方面进行综合考虑，包括增加公交线路、完善班次安排、提升可达性和便利性、合理定价等。通过这些措施的逐步落实，不仅能够有效提升乡村居民的出行体验，满足他们日益增长的交通需求，还能促进乡村经济的发展，推动乡村社会的整体进步。优化后的公共交通系统将成为乡村居民日常生活的重要组成部分，为乡村振兴和城乡一体化发展提供有力支撑。

第二节　水、电、通信等基础设施规划

一、供水系统建设

乡村地区的供水问题一直以来都是制约当地发展和居民生活质量的重要因素。随着经济的发展和城乡差距的逐步缩小，农村的基础设施建设得到了越来越多的关注。而其中，安全饮水工程作为最为关键的一环，不仅关系到居民的身体健康，还直接影响到乡村经济的持续增长和社会稳定。因此，推动乡村供水系统的建设，完善供水网络，提高水质和供水稳定性，已成为当今时代亟须解决的重要课题。

乡村供水系统的建设，需要解决的是水源问题。对于许多偏远山区的乡村来说，自然水源的匮乏使得供水困难成为常态。过去，一些农村地区只能依赖井水、河水等自然水源，但这些水源的水质往往存在污染风险，水质不达标，容易引发水源性疾病。因此，确保水源安全，选择合适的水源地并进行科学的水质检测和处理，成为乡村供水系统建设的首要任务。通过引入先进的水处理技术，将不符合标准的水源经过净化处理，使其达到饮用水标准，不仅能解决水源污染问题，还能有效减少水质对村民健康的威胁。

乡村供水系统的建设还要着眼于供水管网的完善。许多乡村的供水管道陈旧、损坏严重，部分地区甚至根本没有完善的供水管网，村民只能依赖临时搭建的水管或水车进行供水。由于供水设施的老化和缺乏维护，水管漏水、供水不稳定的

情况时有发生，严重影响了居民的用水安全和日常生活质量。因此，建设现代化的供水管网，完善供水设施至关重要。这不仅能减少水资源的浪费，提高水资源的利用效率，还能确保供水的稳定性，满足村民日常用水的需求。同时，供水管网的建设还应注重与当地的地理环境相适应，合理规划水管的布局和规模，确保水流的畅通与均衡，避免出现某些区域供水不足或水压过低的情况。

水质的提升和供水稳定性的保障，离不开科学的管理与运营机制。在很多乡村地区，由于缺乏专业的水务管理团队，供水设施的管理和维护常常处于失控状态。部分地方的供水设施甚至无人管理，导致设备老化、管道损坏、供水中断等问题屡见不鲜。因此，加强对乡村供水系统的管理，培养专业化的水务人员，建立起高效、可持续的运营机制，已经成为保障乡村安全饮水的重要环节。通过政府和社会力量的共同努力，推动乡村供水管理制度的建设，定期对水质进行监测，确保水质符合标准，并及时修复管网故障，保证水源供应的稳定和水质的安全。此外，随着科技的进步，智能化的供水系统逐渐在一些乡村得到了应用。通过传感器、物联网技术以及大数据分析，智能化的供水系统能够实时监控水质、水压、流量等各项指标，及时发现问题并进行预警和处理。这种智能化管理不仅能提高供水效率，还能降低运营成本，提升服务质量。在乡村地区推广智能供水系统，虽然初期投入较大，但长期来看，能大大减少人力和资源的浪费，为乡村供水系统的可持续发展奠定坚实基础。

供水系统的建设不仅要考虑水质和设施本身的建设，还要关注到社会层面的协作和支持。在很多乡村，水资源的分配和使用需要通过村民的共同努力来实现。政府应当加大对乡村供水基础设施建设的投入，同时也要推动当地社区和村民的参与。通过开展水资源保护的宣传教育，增强村民节水和保护水源的意识，逐步形成全社会共同参与的局面。同时，还需要鼓励村民参与到水务管理和运营中，培养一些具备基本水务知识和技能的村民，形成村级水务管理的基层力量，提升管理效率和服务质量。

通过全面推进乡村供水系统的建设，不仅能够有效解决农村的水资源短缺和水质污染问题，还能够改善当地居民的生活条件，提高他们的幸福感和获得感。供水设施的完善，也为乡村的经济发展提供了强有力的支持，尤其是在农业生产和农村工业的发展上，稳定的水资源供应显得尤为重要。在这一过程中，政府和社会各界的共同努力，必将推动乡村地区水资源管理水平的全面提升，带来更加美好和繁荣的未来。

二、电力网络优化

电力网络优化是推动乡村振兴和社会发展的关键因素之一。在现代社会，电力不仅仅是支持日常生活的一项基本服务，它的质量和可持续性也直接影响着工业生产、农业发展以及人们的生活质量。在乡村地区，由于地理环境的特殊性和基础设施的相对薄弱，电力供应的稳定性和覆盖范围常常存在较大问题。这种不稳定性不仅影响了当地居民的日常生活，还制约了地方经济的成长与社会的进步。因此，优化电力网络，提升电网的建设与维护水平，成为解决这一问题的核心途径。

电力网络优化的关键在于加强电网建设。现有电力网络的建设需要更加符合乡村的实际情况，包括根据当地的需求进行合理的规划设计，确保电力的输送路径最短、负荷均衡，避免因为电网过载而出现的频繁停电现象。对于一些偏远地区，可以通过分布式供电系统来实现电力的有效覆盖。这些系统包括小型的风力发电、太阳能发电设施，甚至是小型水力发电站，不仅可以减少电力输送过程中的损失，也能减少对传统燃煤电力的依赖，促进新能源的使用，带动绿色能源的发展。这种分布式电力系统不仅能够提高电力供应的稳定性，还能增加电网的弹性，帮助乡村地区在遭遇自然灾害或其他突发事件时，保持一定的电力供应能力。

在电网建设的同时，电力网络的维护也至关重要。随着电网规模的扩展，维护工作量显著增加。因此，建立一套科学的、有效的电网维护体系成为提升电力网络运行效率和安全性的必然要求。电力设施的巡检与维护是防止电力中断的核心工作，而这一工作必须依赖于先进的技术手段和专业的技术人员。通过智能化的电网监控系统，可以实时掌控电力设备的运行状态，发现潜在的故障隐患。利用大数据分析、物联网技术及人工智能算法，电力公司能够在问题发生前对电力网络进行预警，及时对电网进行调整或修复，大大提升了电力网络的可靠性和安全性。这不仅能够减少停电事故，也有助于延长电力设备的使用寿命，降低运维成本，确保电力供应的长效稳定。

电力网络优化的另一个重要方面是推动新能源在乡村地区的应用。传统的电力供应方式以化石能源为主,尤其是在一些偏远地区,常常依赖于传统的火力发电站来满足电力需求。然而,这种方式不仅会导致环境污染,还存在能源供应不稳定、成本较高等问题。随着新能源技术的快速发展,风能、太阳能等清洁能源逐渐成为替代传统能源的重要选项。乡村地区得天独厚的自然资源条件,使得这些新能源技术得到了广泛的应用。通过在农村地区建设太阳能电池板、风力发电机等设施,不仅可以有效补充电网的电力供应,还能够降低农村对外部能源的依赖,增强能源自主性,提升能源使用的可持续性。

特别是在农业生产中,新能源的应用能够显著提高生产效率。在灌溉、养殖、温室大棚等方面,乡村地区对电力的需求逐渐增加。传统电网可能无法满足这些日益增长的需求,而新能源发电可以很好地补充这一不足。例如,太阳能电池板可以为农业大棚提供稳定的电力,保证温度和湿度的调控,促进作物的生长。而风力发电也可以为偏远地区的农场提供连续的电力支持,保障农业生产的正常运作。与此同时,新能源的推广还能够带动农村经济的多元化发展。在电力供应上得到了保障的乡村,能够吸引更多的现代化产业进驻,为当地创造更多的就业机会,带动乡村产业的转型升级。新能源项目本身也成了乡村经济的新兴增长点。通过政府和企业的合作,乡村地区可以成为清洁能源生产的重要基地,促进地方经济的可持续发展。

保障生产生活的电力供应,不仅是基础设施建设的重要内容,也是推动乡村振兴战略的核心环节。电力网络优化能够帮助乡村实现稳定的电力供应,为农业、工业、商业和民生提供有力的保障。而新能源的应用则为乡村提供了更加绿色、环保和可持续的电力解决方案,推动乡村地区的经济和社会发展迈上新的台阶。通过不断完善电力网络,提高电力供应的质量和效率,乡村振兴的步伐必将更加稳健。

三、通信基础设施升级

随着信息化时代的到来,通信基础设施在推动社会经济发展的过程中扮演着愈发重要的角色。尤其是在乡村振兴和数字乡村建设的背景下,通信基础设施的升级和完善显得尤为关键。为了提升信息传输的速度与稳定性,推动农村地区的数字化转型，必须加大对光纤网络建设的投入，强化移动信号的覆盖，全面提升乡村地区的通信服务水平。

通信基础设施的建设不仅是技术性的挑战，更是实现区域均衡发展的重要保障。在许多偏远地区，基础设施相对落后，网络信号弱或不稳定，信息化应用的普及受到极大制约。随着5G、光纤宽带等新型通信技术的快速发展，推动这些技术在农村地区的落地显得尤为迫切。光纤网络作为现代信息传输的核心载体，其高速、低延迟和大容量的特点，使其成为提升乡村信息化水平的关键工具。通过大力推进光纤网络的铺设，不仅能够让乡村居民享受到更快的互联网接入速度，还能为地方经济发展提供更加可靠的通信保障。

在这项工作中，除了解决光纤到村的硬件建设问题，还需要对网络的运维与管理进行优化，以确保网络长期稳定运行。很多地区的地理环境复杂，施工难度大，特别是在山地、丘陵等地，铺设光纤的成本较高，工期较长。因此，在推进光纤建设的过程中，必须结合当地的实际情况，因地制宜地选择适合的技术手段，最大限度地降低建设成本和难度，确保在最短时间内实现网络覆盖。与此同时，移动信号的全面覆盖同样至关重要。尽管光纤网络可以提供高速的固定宽带服务，但移动通信的普及却能进一步提升农村地区的信息流通效率。在许多乡村，尤其是偏远山区，移动信号的覆盖仍存在盲区，这不仅影响了居民的日常通信，还限制了农村电商、智慧农业等新兴产业的发展。随着5G技术的逐步成熟，提升移动信号的覆盖范围、提升网络的稳定性，将为数字乡村建设提供更强有力的支撑。

推动通信基础设施升级，除了要加强现有网络的建设，还要注重对无线通信技术的创新与应用。例如，利用低空飞行器（如无人机）和卫星通信技术，可以有效解决传统地面通信网络覆盖不到的地区问题。此外，随着物联网、大数据、人工智能等技术的不断进步，未来的通信网络将不仅仅是单纯的信息传输工具，它将成为支撑乡村经济、社会、文化等各个方面发展的智能平台。通过建设更加智能化、自动化的通信基础设施，农村地区将能够更好地融入数字经济，享受现代科技带来的红利。

通信基础设施的升级不仅仅是为了提供更快的网络速度，它背后所代表的是更高效的社会运行方式和更丰富的生活体验。在现代社会中，信息流通的效率往往决定了经济发展和社会进步的速度。无论是在农业生产、工业制造，还是在教育、医疗、文化等各个领域，信息化水平的提升都能极大地推动效率的提升。通过光纤网络和移动信号的全面覆盖，不仅可以帮助农民获取更加丰富的市场信息、农业技术和政策支持，还能推动数字化管理工具在农村的普及，提升农业生产的智能化水平，推动乡村经济的多元化发展。此外，通信基础设施的升级还有助于促进人才的流动和技术的引进。在过去，乡村地区由于信息闭塞，许多优秀的科技人才和企业家都选择了留在城市发展。然而，随着网络基础设施的不断完善，乡村地区的交通、医疗、教育等条件逐渐改善，吸引力大大增强。通过打造一个信息化、智能化的乡村环境，乡村将逐渐成为一个充满活力、创新和机会的地方，吸引更多的人才回流，带动更多的创新和创业。

通信基础设施的升级不仅仅是一个技术工程，更是社会发展和经济变革的推动力。在推进乡村振兴和数字乡村建设的过程中，必须重视并加快通信网络的建设，确保每个农村地区都能享受到信息技术带来的便捷与福利。这不仅是实现乡村现代化的基础，也是全面建设社会主义现代化国家的重要组成部分。

第三节　教育与医疗等公共服务设施布局

一、乡村教育资源优化

乡村教育资源优化是当前我国教育改革的重要议题之一，随着经济的快速发展和社会的不断进步，城乡教育差距问题日益突出。尤其是在偏远地区，乡村学校普遍面临着设施简陋、师资不足、教育资源匮乏等问题，严重影响了乡村孩子的学习机会和成长发展。因此，优化乡村教育资源，改善乡村教育的基础设施和师资力量，是推动教育公平、实现教育均衡发展的关键举措。

为了加强乡村学校的设施建设，需要增加对乡村教育的投入。政府应加大对乡村教育基础设施建设的资金支持，尤其是针对学校建筑、教学设备以及体育设施等方面的改造。部分乡村学校的建筑年久失修，教室内外环境简陋，甚至缺乏基本的教学设备，如现代化的计算机、投影仪等，这使得一些乡村学生无法享受到与城市学生同等的教育资源。通过加强对乡村学校硬件设施的投资,不仅能够改善教学环境,还能提升学生的学习兴趣和教师的教学积极性,为教育质量的提高奠定基础。同时,改善乡村学校的教学设施,还需要引入更多现代化的教育技术工具。例如,随着信息技术的飞速发展,网络教学、数字化学习资源等已经成为现代教育的重要组成部分。然而,由于网络设施的落后,许多乡村学校无法充分利用这些先进的教学手段,这在一定程度上加剧了城乡教育资源的不均衡。因此,改善乡村学校的网络设施,推动信息技术在教育中的广泛应用,能够为乡村学校的师生提供更广阔的学习和教学空间,弥补传统教育方式的不足。

除了基础设施建设,师资力量的提升同样是乡村教育资源优化的核心内容之一。许多乡村学校缺乏高素质的教师队伍。为了解决这一问题,政府应加大对乡村教师的培训力度,提升他们的专业素养和教学能力。乡村教师不仅要具备扎实的学科知识,还需要掌握现代教育理念和教学方法,以适应信息化时代的教育需求。因此,定期组织乡村教师的集中培训,提供更多的进修和交流机会,可以有效提升教师的综合素质和教学水平。此外,还应当鼓励优秀的城市教师到乡村学校任教。为了吸引更多优秀教师到乡村学校工作,政府可以采取一系列优惠政策,例如提供住房补贴、教育培训机会、职业晋升通道等,来增强乡村学校的吸引力。同时,可以设立“城乡教师交流”计划,通过轮换制度或者志愿者服务的方式,让城市教师到乡村学校开展支教工作,帮助乡村学校提升教学质量,带动乡村教师的教学水平逐步提高。

在师资优化的过程中,乡村学校也需要建立更加灵活的用人机制。例如,可以通过聘请兼职教师、远程教学等方式,弥补乡村教师资源不足的问题。通过与城市学校合作,乡村学校可以借助城市学校的教学优势,邀请城市教师在线授课,开展远程教学,甚至通过线上课程来弥补乡村学校某些学科教师的空缺。这不仅可以缓解乡村学校教师短缺的压力,还能够有效提升教育质量。

教育资源的优化还需要推动教育资源的公平分配,确保城乡学生都能平等享受高质量的教育服务。在资源分配方面,政府应该加强对乡村学校的倾斜政策,将更多的教育资源和资金投入到乡村地区。同时,还要注意对欠发达地区、少数民族地区和边远山区等特殊地区的教育支持,使这些地区的学生能够在公平的环境中接受优质教育。只有做到教育资源的公平分配，才能够真正缩小城乡教育差距，确保每个孩子都能有平等的机会接受良好的教育。

乡村教育资源的优化不仅仅是政府的责任，还需要社会各界的共同努力。社会组织、企业和个人应当积极参与到乡村教育的支持中，帮助乡村学校解决实际问题。例如，可以通过捐资捐物、设立奖学金、开展志愿服务等方式，帮助乡村学校改善教育条件，鼓励乡村学生积极追求知识，创造更美好的未来。在此过程中，乡村学校应当积极探索和创新，不断调整教育策略，因地制宜地开展教育工作，真正做到为每个学生提供适合的教育，助力他们健康成长。

乡村教育资源的优化是一个复杂而系统的过程，涉及多方面的因素和措施。只有通过加大基础设施建设、提升师资力量、推动教育资源的公平分配等多维度的努力，才能逐步缩小城乡教育差距，确保乡村孩子能够享有与城市孩子平等的教育机会，为全面建设社会主义现代化国家提供更加坚实的人才支持和智力保障。

二、医疗卫生设施建设

乡村地区的医疗卫生设施建设是改善乡村居民生活质量和健康水平的重要举措。随着我国社会经济的不断发展，乡村人口的健康问题日益受到关注，如何提升基层医疗卫生服务的可及性，已成为现代化建设的重要内容。特别是在一些偏远的乡村，受限于交通、地理等因素，医疗资源稀缺，医疗服务的覆盖面和质量均存在较大差距，这使得大量乡村居民在面临疾病时，无法得到及时有效的治疗，严重影响了其生活质量和生命安全。

在这种背景下，医疗卫生设施的建设就显得尤为重要。随着国家对乡村振兴战略的深入实施，国家已经加大了对基层医疗卫生体系建设的资金支持和政策扶持，逐步构建起一个功能全面、设施完善、服务高效的乡村医疗网络。乡村医疗卫生机构的建设，不仅仅是硬件设施的更新换代，更重要的是对医疗服务质量和服务体系的整体提升。这一过程不仅需要政府部门的资金投入和政策引导，更需要广大基层医疗工作者的共同努力和积极参与。

随着人口老龄化和慢性病的高发，乡村医疗卫生设施面临的挑战越来越多，亟须提供更为专业的服务。乡村医疗卫生机构的布局，应该紧密结合当地的实际情况,因地制宜地规划建设。乡村医疗机构的建设要以提高居民的健康水平为目标,建设功能齐全、设备先进、技术过硬的医疗卫生设施,特别是在乡村常见疾病的预防、诊断和治疗方面下功夫。与此同时,要加强对基层医疗人员的培训和管理,提高医疗服务的专业性和规范性。

在完善基础设施的同时,乡村医疗卫生机构还需要注重服务模式的创新,提供更为便捷和高效的医疗服务。随着信息技术的飞速发展,数字医疗和远程诊疗成为一种新的趋势,乡村医疗卫生机构应当积极利用这一新兴技术,推动远程医疗服务的落地实施。通过远程会诊和线上诊疗,可以有效弥补乡村医疗资源的不足,使乡村居民能够享受到专家级的医疗服务,减少了因距离和交通不便造成的就医困难。此外,数字化管理还可以提升医疗机构的服务效率和管理水平,为乡村居民提供更加高效、便捷的就医体验。

在提升医疗服务可及性的同时,乡村医疗卫生设施建设还需要重视基础公共卫生服务的强化。公共卫生服务的核心是疾病预防和健康管理,其重点是通过健康教育、健康促进和预防接种等手段,减少居民的健康风险。乡村医疗机构应当成为居民健康的守护者,不仅仅是治疗疾病的地方,更是健康管理的阵地。通过定期的健康体检、慢性病管理和老年人健康照护等服务,及时发现和干预潜在的健康问题,提高乡村居民的健康水平。

在农村医疗卫生设施建设的过程中,还必须关注医疗资源的合理配置和均衡发展。一方面,应当加强对乡村医疗机构的资金投入和设施建设,改善现有医疗设施的老旧状况,提升医疗服务的硬件水平。另一方面,应当注重提高乡村医疗人员的专业能力,吸引更多的医学专业人员到乡村工作,培养一支熟悉农村医疗需求、具备一定专业能力的医疗队伍。对于一些人才匮乏的乡村地区,政府应当采取有效措施,通过优惠政策和补贴等方式,吸引医生、护士等专业人才到乡村工作,解决人力资源短缺的问题。

医疗卫生设施建设还需要加强各级政府和社会各界的协调合作。在实施乡村医疗设施建设时,政府需要统筹规划和协调各方面的力量,确保项目的顺利推进。同时,也要加强与社会各界的合作,引导社会资本和民间力量积极参与到乡村医疗卫生事业中来。通过政府、社会和市场三方的共同努力,逐步实现乡村医疗卫生服务的全覆盖，让每一位乡村居民都能够享有平等、优质的医疗卫生服务。

乡村医疗卫生设施建设是一项复杂而长远的工程，需要政府、社会和医疗机构三方共同努力。通过不断优化和完善医疗卫生设施布局，提升乡村居民的医疗保障水平，实现“人人享有健康服务”的目标，才能有效推动乡村振兴战略的实施，提高广大乡村居民的健康水平和生活质量。

三、健康与防疫保障

在乡村地区，随着人口流动性和生活方式的变化，公共卫生问题日益受到关注。尤其是在突发公共卫生事件频发的背景下，健康与防疫保障的作用愈发显得重要。为了有效应对可能出现的疫情风险和健康挑战，必须加强乡村的防疫设施建设，提升健康管理资源配置，确保村民的健康和安全。

乡村地区的防疫设施往往比较薄弱，许多乡村缺乏足够的医疗基础设施，特别是在偏远地区，医疗资源的配置极为匮乏。因此，完善乡村的防疫设施建设是提升乡村公共卫生能力的关键。这不仅包括建设和完善乡村卫生院、诊所等医疗机构，还需要加强基础设施的建设，如设立临时隔离点、检疫站等，以应对可能的疫情蔓延。同时，要加强乡村的医疗设备和药品储备，确保在突发公共卫生事件发生时，能够及时调配所需的资源。此外，还要加强防疫宣传和培训，提升乡村居民的防疫意识和能力，帮助他们了解如何正确预防疾病，避免疫情扩散。

除了硬件设施的完善，健康管理资源的增加同样至关重要。在乡村，医疗资源匮乏、健康管理服务不足是普遍存在的问题。因此，提高乡村健康管理的能力，不仅需要增加基层医生和医护人员的数量，还需要提升其专业素质。乡村医生通常承担着广泛的诊疗任务，面临着繁重的工作压力，而许多医生由于缺乏专业培训和继续教育机会，往往难以提供高质量的医疗服务。因此，国家和地方政府应加大对乡村医疗卫生人员的培养力度，定期举办专业培训，提高医务人员的业务能力和防疫知识。此外，利用现代信息技术手段，推动远程医疗服务的发展，使乡村居民能够通过网络平台获得更好的医疗服务。这不仅能弥补乡村地区医疗资源的不足，还能及时发现潜在的健康问题并采取相应的干预措施。

提高防疫能力还需要提升乡村的公共卫生事件的应对能力。乡村公共卫生事件往往没有城市那么快速有效的反应机制，疫情蔓延的速度和范围也可能更大。因此，乡村需要建立和完善应急预案，制定详细的疫情应急处理流程，确保在发生公共卫生事件时，能够迅速启动应急机制，进行有效的防控。同时，乡村地区的疫情监测体系需要得到加强，特别是在流感、传染性疾病等高风险疾病的监测和报告方面，要做到及时发现、快速报告、有效控制。这就要求乡村要加强与地方疾控中心的合作，建立健全信息共享和协同机制。与此同时，还应注重村民的健康管理。许多乡村居民的健康管理意识较弱，特别是老年人和儿童等易感人群，容易受到疾病的侵害。因此，要通过多种方式加强对村民健康的管理，尤其是在慢性病防控、传染病预防等方面做好工作。加强健康教育和健康检查，定期组织健康体检，特别是老年人群体，及时发现潜在的健康问题，并给予科学的指导和干预。同时，改善乡村的卫生环境，改善水质、空气质量和垃圾处理等，降低疾病传播的风险，提高村民的整体健康水平。通过这些举措，逐步提高村民的健康素养，使他们具备更强的自我保健能力，从而在疫情发生时能够更好地配合防疫措施，减少疫情的传播。

乡村的健康与防疫保障体系需要从硬件设施、健康管理、应急能力等多个方面入手，不断完善和提升。只有通过全方位、多层次的努力，才能有效提升乡村的公共卫生水平，增强防疫能力，保障村民的身体健康和生命安全。随着防疫能力的提升，乡村居民的健康状况将得到切实改善，防控突发公共卫生事件的能力也将大大增强，从而为乡村的可持续发展奠定坚实的健康基础。

第四节 现代化农村服务体系建设

一、农业生产服务

农业生产服务是推动现代农业发展的重要组成部分，它不仅关乎农业技术的进步，也与农民的生产效益、收入水平以及农业产业链的完善密切相关。随着农业现代化的进程不断加速，传统的农业生产模式已经无法满足当前的需求，因此，建立一个高效、全面的农业生产服务体系显得尤为关键。

现代化的农业生产服务体系应当覆盖农业生产的各个环节，提供从种植、养殖到收获、加工的全方位支持。农技推广是其中的核心内容之一,它通过引入先进的农业技术,帮助农民解决生产中的技术难题,提高作物和牲畜的产量和质量。农技人员不仅要定期为农民提供种植技术和病虫害防治的指导,还要根据不同地区的气候条件和土壤特点,进行科学的农业生产规划。通过这些精细化的技术服务,农民能够更加精准地掌握农业生产的关键要素,减少浪费,提高资源利用效率,从而有效提升农业生产力。

除了技术支持,农资配送也是农业生产服务中不可或缺的部分。随着农业生产规模的扩大,农民对于肥料、种子、农药等农资的需求日益增多,单靠传统的采购方式已经难以满足市场的快速变化。因此,建立一个高效的农资配送体系,能够确保农民在适当的时机、以合理的价格购买到优质的农业生产资料。农资配送不仅要注重产品的质量,更要关注配送的时效性与精准度。例如,种植季节的农作物需要及时得到合适的种子和肥料,任何延误都可能导致作物的生长受到影响,进而影响到农民的收益。同时,随着农业生产的多样化和市场需求的变化,农民也需要更多个性化的服务。例如,针对一些特色农产品的种植,可以通过建立产销对接平台,提供市场需求分析、价格预测等服务,帮助农民根据市场需求合理安排种植计划,避免盲目生产或产销对接不畅的情况发生。此外,随着绿色生态农业和有机农业的推广,农民还需要接受环境友好型的农业技术培训,了解如何减少化肥和农药的使用,以保护生态环境的可持续性。

农业生产服务体系的建设不仅仅是为了提高农民的生产效率,更重要的是要帮助农民增加收入。通过现代化的农业服务,农民能够更好地掌握生产的主动权,提高农业的附加值。例如,农民通过技术的提升能够增加作物的产量和质量,进而提高市场竞争力。农资配送的便捷性和及时性也能减少农民的生产成本,使得他们能够在保障质量的前提下降低开支。除此之外,农民如果能够通过相关服务获得精准的市场信息,也能够避免因盲目跟风生产而导致的农产品滞销问题,从而提高收益。

现代农业生产服务体系的构建不仅仅是对传统农业的一次技术升级,它更是对农业生产观念的一次全面革新。通过精准的技术服务、合理的农资配送以及市场信息的精准对接,农民能够逐步摆脱低效、粗放的生产方式,转而走上高效、智能化的农业道路。而这种变化,不仅有助于提升农民的收入,更能带动整个农业产业的良性发展,从而为我国农业的现代化奠定坚实的基础。因此,农业生产服务体系的建设需要政府、企业、农民和社会各方的共同努力。政府应当出台相关政策,鼓励农业科技创新,支持农业生产服务的基础设施建设;企业则可以通过与农民的合作,提供更加精细化、个性化的服务;农民则要提升自身的知识水平,积极参与到现代农业服务体系的建设和利用中。只有通过全社会的共同推动,才能实现农业生产效率的全面提升,进而推动农民收入的稳步增长,促进我国农业现代化进程的加快。

二、社会保障体系建设

在当前的社会保障体系建设中,农村社会保障制度的健全至关重要。随着农村经济的不断发展和农民生活水平的逐步提高,农村社会保障制度的完善不仅是社会发展的需要,也是社会公平和谐的体现。农村居民的社会保障问题,尤其是养老保险和医疗保险的普及,已成为亟待解决的重大课题。实现这一目标,不仅能够有效增强农民的生活保障水平,还能促进农村社会的长期稳定与发展。

农村社会保障体系的建设,需要从政策和制度层面进行深入推动。政府应加大对农村社会保障政策的宣传力度,让更多的农民了解和参与到社会保障体系中来。对于农村地区的特殊性和农民的经济状况,必须制定符合实际的政策。与此同时,农村社会保障制度的资金保障也是关键。近年来,政府逐渐加大对农村社会保障的财政投入,推动养老保险和医疗保险的制度设计与完善。然而,尽管如此,依然有部分地区因经济发展水平较低,社会保障的覆盖面和保障水平较为有限。如何合理调配资源,确保制度覆盖到农村的每一个角落,是当前社会保障体系建设中面临的主要挑战。

在养老保险方面,农村的养老保障体系建设正逐步实现从原本的有限保障向普惠制的转变。农村养老保险制度的完善,不仅仅是对老年农民的直接关怀,更是对农村经济长期可持续发展的推动。通过提高养老保险的覆盖率和保障水平,农民在年老时能够依靠这份社会保障,减轻家庭的负担,享受应有的尊严与生活质量。而医疗保险的普及则是另一个重要方面。在农村,农民长期面临医疗资源短缺、医疗费用负担重的问题。随着国家对农村医疗保险制度的进一步完善,农村居民的医疗保障水平逐渐提高。越来越多的农民能够通过医保政策享受到必要的医疗服务,逐步摆脱了因病致贫、因病返贫的困境。此外,医疗保障制度的完善还能够促进农村医疗服务的提升,吸引更多医疗资源进入农村,为农民提供更加便捷和高质量的医疗服务。

要实现社会保障制度的全面覆盖,离不开基础设施的建设与基层管理能力的提升。在这一过程中,信息化技术的应用显得尤为重要。通过互联网和大数据技术的结合,政府能够精准掌握农村居民的参保情况和实际需求,进而作出更为科学和合理的政策调整。这不仅提升了社会保障的效率,也帮助减少了资源浪费和管理成本。农民在享受这些服务时,也能够更加直观地感受到制度改革带来的变化。尤其是在农村的偏远地区,信息技术的普及和应用大大缩小了城乡之间在信息获取、服务享受上的差距。

尽管当前农村社会保障体系建设取得了一定的进展,但仍存在一些需要克服的困难。比如,部分农村地区仍面临着社会保障基金不足、覆盖面窄、保障水平低等问题。如何在资金有限的情况下,使更多农民受益,是需要进一步探索的课题。此外,由于农村地区的经济发展不均衡,部分农民的收入水平较低,他们对社会保障制度的认知和参与度也相对较低。因此,提高农民对社会保障制度的认同感和参与积极性,仍然是一个长期而艰巨的任务。

健全农村社会保障体系,推动养老保险和医疗保险的普及,是实现乡村振兴的重要步骤。通过不断完善相关制度,政府能够有效提高农民的生活保障水平,促进社会和谐与稳定。随着相关政策的持续推进和落实,农村社会保障制度的进一步完善必将为农民带来更加稳定和安心的生活,推动农村经济和社会全面发展。

三、综合便民服务

在乡村设立综合便民服务站,是提升乡村生活便利性、促进农村经济和社会发展的重要举措。这类服务站通过整合多项服务功能,旨在为村民提供一个多元化、便捷的服务平台。随着农村社会的发展,尤其是现代信息技术的普及和乡村人口结构的变化,传统的农村服务体系已经无法满足村民日益增长的需求。因此,综合便民服务站的设立显得尤为重要,它不仅能够提升农村居民的生活质量,还能促进城乡一体化发展,缩小城乡差距。

在这些综合便民服务站中,邮政服务是最基础也是最重要的内容之一。长期以来,农村地区的邮政网络存在着覆盖不全、服务滞后的问题,尤其是在一些偏远地区,村民往往需要前往较远的镇区才能处理邮寄事务。而设立了综合便民服务站后,邮政业务就能直接深入每个乡村,使得村民在家门口就能办理邮寄、收寄包裹等事务,这对于许多偏远村庄的居民来说,无疑是一项极大的便利。邮政服务不仅限于普通邮件的投递和接收,还包括了各类快递包裹的处理。随着电子商务的迅猛发展,越来越多的村民通过网购平台购买商品,快递服务的需求日益增加,特别是一些农村商品的上行和下行都离不开快递物流系统的支持。综合便民服务站的设立,使得农村地区的物流体系得到了完善,避免了村民因为路程遥远而错失快递的情况,节省了大量的时间和精力。

除了邮政和快递服务,缴费服务也是综合便民服务站的重要组成部分。近年来,随着各类公共服务费用的普及和缴纳方式的多样化,越来越多的村民开始遇到支付困难。特别是在一些信息化水平较低的农村地区,银行业务和在线支付并不普及,传统的缴费方式已经不能适应现代化生活的需求。在这种情况下,综合便民服务站提供的代缴水电费、燃气费、社保费等多项缴费服务,极大地方便了村民的生活。不仅如此,随着城市化进程的加快,越来越多的农民进城务工,长时间不在家,代缴服务能够确保他们不漏缴各项费用,避免了因错过缴费日期而带来的麻烦和滞纳金。通过集中的缴费服务,村民可以在短时间内解决日常生活中的各种事务,提高了办事效率,也减轻了他们的经济负担。

除了以上几项基础服务,综合便民服务站还可以涵盖更多的社会服务内容,如医疗健康咨询、文化娱乐活动的组织等。随着农村社会的发展,村民对于精神文化生活的需求日益增加,综合便民服务站可以为村民提供免费的健康体检、基础医疗服务以及健康咨询,及时解决一些基本的健康问题。与此同时,服务站还可以举办各种文艺演出、体育活动等,丰富村民的文化生活,提高他们的生活幸福感和凝聚力。

综合便民服务站的设立不仅仅是为了方便村民,更是实施乡村振兴战略的一部分。在提供这些基础便民服务的同时,它也为当地的就业提供了机会。服务站的建设和运营需要招聘一定数量的工作人员，这既为农村的剩余劳动力提供了就业岗位，也提升了农村居民的收入水平。通过这种方式，综合便民服务站能够带动当地经济的发展，促进乡村的社会稳定与和谐发展。

乡村综合便民服务站的设立，不仅是一个服务平台的建设，更是一种新的乡村生活方式的塑造。它突破了传统的农村服务模式，集成了多项服务功能，提升了村民的生活便利性和满意度。随着乡村振兴战略的不断推进，综合便民服务站将继续发挥其重要作用，成为连接城乡、促进社会发展的纽带。它不仅为农村地区带来更便捷的生活方式，也为乡村的现代化进程提供了有力的支撑，推动了社会各个层面的均衡发展。

第六章　乡村产业结构与经济发展

产业振兴是乡村振兴的重要支柱之一,而产业结构的优化与调整是推动乡村经济可持续发展的核心。如何通过现代化农业产业化、乡村旅游、文创产业等多元化手段推动乡村经济增长,是本章的研究重点。乡村产业的多元化发展不仅能够提供更多的就业机会,还能带动乡村经济的全面提升。本章将探讨乡村产业的结构调整路径,分析乡村经济协同发展的策略,深入研究产业融合、现代农业发展等前沿议题。产业结构的优化与升级,是乡村振兴的关键所在,而规划设计则提供了实现这一目标的有效途径。

第一节　农业现代化与产业链延伸

一、农业生产技术的现代化

农业生产技术的现代化是农业发展中的核心任务之一。随着全球人口的不断增长和对食品需求的增加,传统的农业生产方式已经难以满足现代社会对高效、优质和可持续发展的要求。因此,推动农业生产技术的现代化,不仅是提高农业生产效率的关键,也是实现农业可持续发展的必由之路。现代化农业技术的推广与应用,涉及从耕种、灌溉到收割、储存等各个环节的全面革新。通过这些技术的广泛应用,农业生产效率可以显著提高,资源的浪费能够得到有效控制,同时也能在保障环境保护的前提下,促进农业生产方式的转型升级。

在现代农业技术的推动下,农田管理与作物生产的方式逐渐发生了深刻变化。现代农业技术强调通过科学手段来提高作物的产量与品质,这不仅仅是依赖单一的高产作物品种或是化肥、农药的过度使用,而是通过综合手段来改善土壤质量、合理规划种植结构以及优化资源配置。这些技术手段包括精准农业技术、智能化设备以及先进的生物技术等。精准农业技术通过对土壤、作物生长、气候等多方面数据的实时监测与分析，帮助农民实现精准施肥、灌溉和病虫害防治，不仅提高了作物的产量和质量，还有效减少了资源的浪费和对环境的污染。智能化农业设备，如无人机、自动化拖拉机、智能灌溉系统等的应用，大大提高了农业生产的自动化程度，减少了人工干预的需求，并能在保证高效生产的同时，降低了劳动强度和生产成本。这些设备的应用，不仅让农业生产更加精细化、智能化，也使得农业劳动力的配置更加合理，缓解了劳动力短缺的问题。此外，生物技术在农业生产中的应用也逐渐成为推动农业现代化的关键因素。通过基因工程、分子育种等技术手段，科学家能够培育出更加抗病、抗旱、抗虫害的作物品种，这些新型作物的推广使用，大大提高了作物的抗逆性，减少了对化肥和农药的依赖，从而在提高农产品产量的同时，减少了环境污染。基因改良作物不仅能适应不同的气候环境，还能在更为恶劣的土地条件下生长，这对于全球农业尤其是干旱、贫瘠地区的农业生产具有重要的意义。

资源的合理利用是现代农业技术发展的另一个重要方面。现代农业不仅要追求高产，更要追求高效和可持续。水资源、土壤和能源是农业生产中不可或缺的资源，而如何减少这些资源的浪费和合理利用，是农业技术现代化中的重要目标之一。智能灌溉技术的出现，能够根据作物的生长需求，精确调节水量的供给，避免了传统灌溉方法中大量水资源的浪费。同时，通过农业废弃物的循环利用和有机肥料的推广应用，农业不仅能够减少化学肥料的使用，减少对土地的污染，还能够改善土壤的结构与肥力，为农业的可持续发展打下基础。

农业技术的现代化不仅仅是单纯的生产技术创新，它还需要配套的产业链条和政策支持。在推广高效环保技术的同时，还需要加强农业生产环节的全程管理，推动从种植到加工、销售等各个环节的现代化。政府和企业应共同努力，提供必要的技术支持和资金投入，鼓励农民和农业企业使用现代化设备，推动农业产业链的优化升级。此外，农民的技术培训和科技意识的提升也是农业现代化不可忽视的环节。只有农民在掌握了现代农业技术的前提下，才能真正发挥这些技术的优势，提高农业生产的整体效益。

农业生产技术的现代化是实现农业高效、可持续发展的重要途径。通过推广高效、环保的农业技术，不仅可以提高农业生产效率，减少资源浪费，还能够促进农业与环境的和谐发展，为全球粮食安全和生态保护作出贡献。随着科技的不断进步，未来农业生产技术将更加智能化、绿色化，农业现代化的步伐将会更加坚定有力。

二、农产品加工与增值

农产品加工与增值是提升农业经济效益和促进农村发展的一项关键举措。在现代农业发展中，农产品不仅仅是简单的初级产品，更是一种可以通过精深加工不断延伸产业链的宝贵资源。农产品从生产到加工再到销售的整个链条，涵盖了各类技术、人才、资本和市场需求的有机结合，关系到农业产业结构的优化升级和农村经济的可持续发展。因此，推动农产品的精深加工，增加其附加值，是提高农民收入、促进农业现代化的必由之路。

农产品的附加值提升，依赖于加工技术的革新。传统农业加工大多停留在粗放式的初级加工阶段，生产出的产品多为原材料，附加值较低，难以充分挖掘其潜在价值。随着科技的不断进步，农业产业已经进入一个全新的发展阶段，现代化的加工技术不仅提高了生产效率，还使得农产品的加工过程更加精细化、标准化。例如，食品加工领域的高新技术应用，可以有效延长农产品的保鲜期，减少浪费，同时提升产品的口感、营养价值等，从而吸引更广泛的市场需求。精深加工不仅仅是对原材料的一种简单转化，它通过加工工艺的改进，赋予农产品新的功能或附加特性，使其更加符合消费者的多样化需求。

提高农产品的附加值，还需要从生产环节入手，推动农业种植和养殖的升级。在传统农业生产中，农民的生产方式和管理模式较为单一，往往依赖于天气和自然条件，产品的质量和数量难以控制。通过引进先进的农业种植技术和智能化设备，农业生产可以实现更加精准的管理。与此同时，农业生产的绿色化、环保化也是当前的一个重要趋势。消费者对于农产品的安全性和生态环保要求越来越高，采用有机农业技术、绿色种植方式，不仅可以提高农产品的市场竞争力，还能为加工企业提供更为优质的原料。

农产品加工的产业链条延伸，不仅仅依赖于技术的革新和生产方式的升级，还需要政策的引导和支持。政府可以通过加大对农业科技研发和农产品加工企业的扶持力度,促进相关产业的发展。这种支持可以是财政补贴、税收优惠、贷款扶持等多种形式,为农业加工企业提供资金保障,使其能够引进先进的设备和技术。同时,政府还可以鼓励地方特色农业产品的开发,通过建立品牌、打造区域公用品牌等手段,提高农产品的市场认可度和附加值。通过这一系列的政策措施,能够有效促进农产品加工企业的发展,从而推动整个农业产业链的完善。

随着农业产业化程度的不断提高,农产品的精深加工不仅仅局限于食品领域,还涉及纺织、化肥、能源等多个行业。例如,农副产品如棉花、玉米、糖料作物等,都能够通过加工增加其经济价值。对于一些特定的农产品,深加工可以形成新的产业形态,拓宽农业经济的增长点。无论是农作物的多样化深加工,还是对农业废弃物的资源化利用,都是推动农业产业化发展的重要方向。这种跨行业的联动,不仅能够带动农业产业本身的增长,还能为地方经济注入新的活力。然而,农产品加工与增值的实现,并非一蹴而就。面对市场的激烈竞争,农业生产和加工企业需要具有较强的市场敏感度和应变能力。农产品的加工过程涉及多个环节,从原料采购到加工技术,再到最终的销售渠道,每一环节都可能影响到最终产品的附加值。企业不仅需要注重生产环节的精细化管理,还要积极探索市场需求的变化,及时调整产品结构和加工方式,以应对市场的多样化需求。创新意识的培养,既是企业发展的动力源泉,也是推动农产品增值的核心所在。

在全球化和互联网化的大背景下,农产品加工与增值的模式也在不断变化。通过跨境电商平台,农产品的市场拓展不再局限于传统的区域市场。消费者通过网络能够直接接触来自不同国家和地区的特色农产品,农产品加工企业也通过电商平台拓宽了销售渠道和市场范围。与此同时,信息技术的应用为农业产业链的每个环节提供了更多的可能性,智能化、数字化技术的广泛应用,为农业生产和加工注入了新的活力。通过数据分析,企业可以更好地把握市场动向,预测消费趋势,从而做出更精准的市场决策,推动农产品加工产业的增值。

因此,农产品加工与增值不仅是农民增收的有效途径,也是推动农业产业转型升级、实现农村经济可持续发展的重要手段。通过精深加工,不仅可以提高农产品的市场竞争力,还能形成更完善的产业链和生态圈,推动农村经济的全面振兴。

三、物流与销售渠道的建设

随着乡村振兴战略的推进,农村经济的可持续发展依赖于多方面的提升,其中物流与销售渠道的建设尤为关键。传统的乡村物流基础设施薄弱,导致农产品的流通效率低下,价格波动大,影响了农民的收入和农业的现代化进程。因此,加强乡村物流基础设施的建设,不仅有助于提高农产品的流通效率,还能为农民提供更多的销售途径,提升农产品的市场竞争力。

在传统的农村物流体系中,往往存在着运输网络不畅、信息闭塞等问题,导致农产品在进入市场时面临较大的损耗。特别是在偏远地区,由于交通不便、冷链设施缺乏,许多优质的农产品无法及时送达消费市场,造成资源的浪费。因此,提升乡村物流的基础设施建设,需要解决的是运输网络的瓶颈问题。通过政府引导和市场化运作,逐步打通农村到城市、到市场的"最后一公里"。加强乡村公路建设,提高道路通行能力,改善乡村的交通条件,从而为农产品的流通提供更好的保障。除了硬件设施的建设,信息化建设同样至关重要。通过数字化平台的搭建,农民可以更加及时、准确地掌握市场需求,优化生产结构和销售策略,减少信息不对称带来的损失。

与物流体系的提升并行的是销售渠道的拓宽。传统的农产品销售渠道大多依赖于中间商,这种模式不仅使农民收入受到压缩,也导致了市场信息的不对称。为了更好地打开市场,农民亟须借助现代化的销售渠道,尤其是电子商务平台。在如今互联网的快速发展背景下,电商平台为农产品打开了广阔的市场,农民可以通过电商平台直接与消费者对接,减少中间环节,获取更高的利润。与此同时,电商平台的存在也提升了农民对市场需求的敏感度,促使他们更好地进行产品的规划与生产。而对于农产品来说,进入电商平台不仅仅是一个销售渠道的拓展,更是品牌建设的机会。通过精心设计的电商运营策略,农产品可以突破地域的限制,进入全国乃至全球的市场,提升其品牌的知名度和市场的认可度。

除了电商平台,乡村销售渠道的建设还包括了直销模式的创新。在一些地方,农民通过合作社、农产品基地等方式,直接将农产品销售给消费者或者餐饮企业。这种直销模式不仅能够减少中间商的环节,增加农民的收入,还能够保证产品的质量和新鲜度,提升消费者的购买体验。尤其是在一些大型城市的生鲜市场,消费者对高品质、有机农产品的需求逐年增加，农民通过直销的方式可以更好地满足这些需求，从而拓宽市场空间。

随着社会的发展，消费者的需求越来越多元化，除了价格的考虑，产品的品质、生产过程的透明度和品牌的信任度也逐渐成为购买决策的重要因素。在这样的背景下，乡村物流与销售渠道的建设不能仅仅局限于解决产品的流通问题，更要关注产品附加值的提升。通过完善的物流配送体系，农产品能够更加高效、精准地到达消费者手中，而通过多样化的销售渠道，消费者也能够获得更丰富、更便捷的购买体验。

乡村物流与销售渠道的建设，不仅是对农民生产能力的提升，更是对乡村经济整体发展潜力的挖掘。通过优化物流体系和创新销售模式，农民可以获得更大的市场空间和更高的收入，而乡村经济也能够在全社会范围内产生更广泛的影响力。在未来，随着科技的不断进步，乡村的物流与销售模式将更加智能化、精细化，农民将不再局限于传统的生产方式和销售渠道，而是能够借助现代化的手段，更好地与市场对接，创造更多的财富。

第二节　乡村旅游与文创产业发展

一、乡村旅游资源的开发

乡村旅游资源的开发是当今城乡融合发展中的重要组成部分，它不仅有助于乡村经济的振兴，也为城市居民提供了逃离喧嚣、亲近自然的机会。在这一过程中，如何深入挖掘乡村的自然资源和文化资源，开发出具有地方特色的旅游项目，是关键所在。乡村不仅拥有丰富的自然景观资源，比如山脉、河流、湖泊、森林等，而且还有着源远流长的文化积淀和民俗风情。通过有效的开发，乡村旅游不仅能够满足游客的休闲需求，还能够促进当地社会经济的可持续发展。

在自然资源方面，乡村通常拥有得天独厚的生态环境，未被大规模工业化污染的自然景观本身就具有巨大的吸引力。山水相依的乡村，往往能给游客带来一种宁静与和谐的感觉，尤其是对城市人来说，这种回归自然、亲近大地的体验尤为珍贵。在开发自然资源时,可以依托原有的山水、森林、湖泊等自然景观,将其融入旅游线路中。为此,除了基础设施的改善,还需注重环境保护与生态平衡的维护,避免过度开发而破坏自然生态。此外,乡村的四季变化所呈现出的不同自然风光,也是吸引游客的独特魅力之一。春天的花开、夏天的绿意、秋天的丰收、冬天的雪景,每一个季节都有其独特的美,这为乡村旅游项目的多样化提供了天然条件。

乡村的文化资源同样不可忽视。每一个乡村都有着自己独特的历史文化背景、传统风俗以及手工艺特色,这些文化元素如果能够得到有效的开发和展示,将为游客提供独特的精神体验。乡村中的古老村落、传统的民居建筑、具有地方特色的节庆活动、特色的民俗文化,都是乡村旅游的重要组成部分。通过与当地居民的互动,游客能够更加深入地了解和体验乡村文化,这不仅增加了旅游的趣味性和吸引力,也有助于文化的传承与保护。对于一些历史悠久的乡村,还可以通过打造文化遗产旅游项目,吸引那些对历史感兴趣的游客,激发他们对传统文化的探索欲望。

乡村旅游项目的开发不应仅仅依赖自然景观和文化资源的展示,还需要考虑到现代旅游市场的需求和趋势。随着城市化进程的推进,现代人对于旅游的要求不再仅仅停留在观光层面,更希望能够通过旅游体验获得身心的放松与愉悦。因此,在开发乡村旅游项目时,可以融入一些现代化的设施与服务,如生态度假村、健康养生中心、乡村民宿等。这些项目不仅能够为游客提供舒适的住宿体验,还能够通过亲近自然、参与农业体验、品尝地道美食等方式,让游客享受到身心的愉悦与放松。同时,随着生态农业的兴起,乡村旅游还可以结合农业体验项目,如采摘、农事体验等,让游客在与土地亲密接触的过程中,体会到农民的辛勤与自然的馈赠。

乡村旅游的成功还离不开良好的基础设施建设。在开发乡村旅游资源的同时,必须加强交通、通信、卫生等基础设施的建设,确保游客的出行便利和居住舒适。此外,乡村的旅游服务质量也需要提升,这包括旅游服务人员的培训、旅游信息的提供、旅游安全的保障等方面。通过打造规范化、专业化的旅游服务体系,乡村旅游才能更好地吸引游客,提升旅游体验。然而,乡村旅游资源的开发也面临着一定的挑战。过度开发可能会破坏乡村原有的自然和文化环境,给生态带来不可逆转的损害。此外,乡村旅游的开发必须尊重当地居民的生活方式和文化传统,避免大规模的商业化开发使乡村失去原有的韵味。因此,乡村旅游的开发应当遵循可持续发展的原则,既要开发利用乡村的资源,也要保护好这些资源,确保乡村旅游的长期健康发展。

二、文化创意产业的培育

乡村作为中国传统文化的发祥地之一,拥有深厚的历史积淀和独特的地域文化特色。这些文化资源,不仅是乡村的精神财富,也是经济发展的潜力所在。随着现代化进程的推进,乡村的文化底蕴逐渐面临着被忽视和遗忘的风险,因此,如何挖掘和利用乡村的文化资源,发展乡村文化创意产业,成为提升乡村经济活力、实现可持续发展的重要途径。

乡村文化创意产业的培育要认识到乡村文化的独特性。这些文化资源不仅包括传统的手工艺、民间艺术、地方戏曲等,还涵盖了自然景观、乡土建筑、节庆活动、风俗习惯等内容。每一片土地都有自己独特的文化符号,而这些符号在当今多元化、全球化的背景下,展现出巨大的商业价值和文化魅力。乡村的传统手工艺品、民间传说、古老的技艺、风土人情,都是独具特色的文化符号,具备极大的创意潜力。然而,要使乡村文化创意产业得以蓬勃发展,并非单纯依赖传统文化资源的挖掘和保护。更为重要的是,要在传承的基础上进行创新。这不仅仅是将传统文化元素与现代设计理念结合的问题,更是如何通过创意的形式,将乡村文化与市场需求、消费者偏好进行有效对接。乡村的文化创意产业不仅要以保护传统为出发点,更要注重文化的创新与再造,将其转化为具有市场竞争力的产品。通过设计、品牌化、个性化等手段,将传统文化元素转化为现代人喜闻乐见的商品和服务,进而形成文化消费市场,推动地方经济的发展。

培育乡村文化创意产业还需要注重文化产业链的建设。乡村的文化资源往往是零散的,如何将这些资源整合起来,形成完整的产业链,是一个关键问题。从原材料的采集、文化产品的设计、生产加工,到销售渠道的建设、品牌推广和市场拓展,每一个环节都需要精心策划和操作。通过优化产业链,打破原有的产业壁垒,可以有效提升乡村文化创意产品的附加值,增强其在市场中的竞争力。此外,乡村文化创意产业的培育,也离不开良好的政策支持和创新的商业模式。政府可以通过加大对乡村文化创意产业的财政支持，制定优惠政策，吸引人才和资金流入。同时，也可以通过建立文化创意产业园区、孵化器等平台，为乡村文化创意企业提供必要的资源和服务，帮助其迅速成长。此外，乡村文化创意产业的成功发展，往往离不开市场化运营，依靠企业的自主创新和市场化运作，能够更好地适应市场需求，推动产业的可持续发展。

乡村的文化创意产业发展，不仅仅是经济的提升，更是乡村振兴的重要组成部分。在乡村文化创意产业的带动下，乡村的就业机会将得到增加，农民的收入水平将得到提高，传统文化的传承和发扬将得到更好的保障。通过文化产业的繁荣，乡村将逐渐摆脱单一的农业经济依赖，逐步形成以文化为核心的多元化经济结构，实现经济、社会和文化的协同发展。值得一提的是，乡村文化创意产业的培育，还是对传统乡村社会结构和生活方式的一种重新塑造。随着文化创意产业的兴起，乡村的经济结构将逐渐由以农业为主转变为多元化产业并存的格局。尤其是在一些经济较为落后的地区，文化创意产业的引入，不仅能够提升当地的文化软实力，也能带动外来资本和人才的涌入，推动乡村经济结构的深度变革。同时，乡村独特的文化和自然资源，也能吸引越来越多的游客和投资者，为当地带来可持续的经济增长。

乡村文化创意产业的培育，是一项系统工程，需要政府、市场、企业和当地居民的共同努力。乡村的独特文化资源在现代化的背景下，不应仅仅是被保护和保存的对象，更应该是文化创意产业的源泉和动力。只有充分挖掘和利用乡村的文化特色，创新发展文化创意产业，才能让乡村在现代化进程中保持独特的文化魅力，实现经济与文化的双重繁荣。

三、旅游基础设施的完善

乡村旅游作为一种新兴的旅游方式，逐渐成为越来越多游客的选择。而要想真正吸引游客并提高他们的满意度，基础设施的建设至关重要。尤其是交通、住宿以及服务设施这三方面的改善，直接关系到游客在乡村旅游区的整体体验，因此，必须加大力度，推动其完善与升级。

乡村旅游的交通问题往往是游客最为关心的一个方面。许多乡村旅游区由于地处偏远，交通条件相对较差，游客往往面临着路途遥远、交通不便的问题。为了提高游客的到达率和便捷性，政府和相关部门应加大对乡村道路的投入，改善和修建通往旅游景区的公路，尤其是一些重要景点之间的交通连接。此外，完善公共交通系统，开通更多的乡村专线公交车或旅游专列，也能有效解决游客的出行问题，减少游客因交通不便而产生的负面体验。对于自驾游的游客，还可以设立更加完善的停车设施，确保游客能够方便地停车和出行。这些措施不仅有助于游客的顺畅出行，还能提升乡村旅游区的知名度和吸引力。

除了交通问题，住宿条件的改善也是乡村旅游区必须关注的重点。许多乡村旅游区的住宿条件较为简陋，设施陈旧，服务质量较低，这往往让游客对乡村旅游的整体印象大打折扣。因此，加强乡村住宿设施的建设，提高住宿的舒适度和服务质量，是提升游客体验的关键。首先，应鼓励乡村居民或投资者改造和建设符合市场需求的酒店、民宿等住宿设施。对于一些有特色的乡村，可以结合当地的文化元素，建设具有地方特色的客栈或小型度假村，吸引游客的同时也能带动地方经济的发展。其次，提高住宿设施的服务标准，确保卫生、安全和便利性。可以通过定期培训乡村的从业人员，提升他们的服务意识和服务水平，让游客能够感受到更加周到和贴心的服务。最后，乡村旅游区还应当加强住宿设施的网络化建设，许多游客更倾向于通过互联网平台进行预订，因此，提升线上预定的便捷性和透明度，将大大提高游客的入住体验。

除了交通和住宿，乡村旅游区的服务设施同样不容忽视。服务设施是游客在旅行过程中获取信息、享受便利的重要保障。许多乡村旅游区往往在这方面存在不足，如信息不畅、标识不清、卫生设施不足等问题。这些问题不仅会影响游客的旅游体验，还可能影响游客的安全感和舒适感。因此，提升乡村旅游区的服务设施尤为重要。首先，乡村旅游区应加强游客服务中心的建设，提供信息咨询、行程规划、地图指引等服务。通过设立游客服务中心，游客可以更方便地了解周围景点的信息和活动安排，也能得到及时的帮助与指引。其次，景区内部的指示标识要清晰明确，避免游客因找不到方向而产生不必要的困扰。再次，要加强公共设施的建设，确保游客能够享受到干净、舒适的公共卫生设施。加强乡村旅游区的垃圾分类和处理工作，保持环境的清洁与整洁，提升游客对乡村旅游环境的满意度。最后，随着乡村旅游的逐渐发展，越来越多的游客开始注重环保和可持续性，因此，乡村旅游区应当积极推动绿色旅游，建设一些符合环保要求的设施，如垃圾分类站、环保厕所等，让游客在享受美丽乡村的同时，也能够参与到环保的行动中来。

为了进一步提升乡村旅游区的服务质量，还应当加强当地文化和旅游的融合。通过发展乡村特色的文化活动、节庆活动等，能够丰富游客的体验内容，提升他们对乡村旅游的参与感和认同感。此外，乡村旅游区还应当与周边的商家、餐饮店等建立紧密的合作关系，提升旅游消费的整体体验。乡村餐饮是游客了解和体验地方文化的重要途径，因此，提升乡村餐饮服务的质量，既能满足游客的味蕾需求，也能推动当地特色美食的推广。

乡村旅游基础设施的完善是提高游客体验的必要条件之一。只有通过改善交通、住宿和服务设施，提升乡村旅游区的整体接待能力和服务水平，才能吸引更多的游客，促进乡村经济的发展。同时，基础设施的完善还能够带动当地其他相关产业的升级，从而形成乡村旅游的良性发展循环，推动乡村振兴战略的实施。

第三节　产业结构调整与升级路径

一、传统农业向多元化发展的转型

随着现代社会的快速发展，传统农业面临着前所未有的挑战与压力。单一的农业生产模式已无法满足日益增长的市场需求与消费者多元化的需求，而农业发展与环境保护、生态可持续等问题的紧密关系，也促使着人们对传统农业生产方式的深刻反思。因此，推动传统农业向多元化发展，逐渐成为现代农业转型的重要方向。这一转型不仅要求农业生产的技术升级，更需要从思维方式、经营模式、产业结构等方面进行全方位的革新。结合观光农业、生态农业等新型发展模式，既能够促进农业经济效益的提升，又能在保护生态环境、推动农民收入增加等方面实现多重效益，进而为农业的可持续发展奠定基础。

多元化农业的转型，体现在对传统农业结构的优化和拓展。过去，传统农业单一依赖种植与养殖，而现代农业则通过引入多种业态，如观光农业、休闲农业等，将农业生产与旅游、教育等行业紧密结合，形成全新的经济模式。观光农业不仅能够通过农业旅游吸引城市居民或外地游客，提升农产品的附加值，还能促进地方经济的发展，带动周边乡村的发展，进而为农民创造更多就业机会。与此同时，生态农业的引入则强调了农业生产过程中的生态环保和资源循环利用，避免了过度开发和资源浪费，维护了农业生态的可持续性。通过有机种植、绿色养殖等方式，生态农业不仅满足了人们对健康、安全食品的需求，也为农业生产的绿色转型提供了可行路径。

在此基础上，农业产业链的延伸也是推动农业多元化转型的重要一步。传统农业模式以单一的农产品生产为主，而现代农业则注重通过深加工、包装设计、品牌建设等手段，将农产品的附加值最大化。农民通过合作社或企业组织，可以将农产品加工成各类高附加值商品，并通过线上平台进行销售，不仅提高了农民的收入，也为农业产业注入了新的活力。这种从生产到加工再到市场销售的全产业链模式，增强了农业发展的抗风险能力，同时也推动了农业与其他产业的深度融合。

农业向多元化发展的转型，不仅仅是农业产业层面的变化，更是一种社会与文化的变革。随着城市化进程的推进，越来越多的城市居民渴望回归自然，寻找与土地、自然的亲密接触。观光农业正好满足了这一需求，农田不再是单纯的生产基地，而成了一个能够提供娱乐、学习、休闲和美食的综合场所。与此同时，生态农业则让消费者更加注重食品的品质和安全，农民也开始从土地的可持续使用和生态保护中汲取更多的价值。这一过程不仅提升了农业的文化价值，也增强了农村地区的社会凝聚力与归属感。然而，农业多元化发展的转型并非一蹴而就，它需要政府、企业、农民等多方面力量的共同推动。政府应加强政策支持，完善农村基础设施建设，提供技术和资金支持，帮助农民在转型过程中减轻经济负担。同时，企业在推动农业转型中也起着重要的作用。许多企业通过创新的生产经营模式，将农业生产与现代科技相结合，推动农业生产向智能化、信息化方向发展，提高了农业的生产效率和市场竞争力。农民则是转型的主体，他们需要通过学习和实践，不断提升自己的经营管理水平与技术能力，以适应日新月异的农业发展趋势。

农业的多元化发展，最终的目标是实现农业生产的绿色、可持续、智能化发展，让农业不再是一个单一的生产过程，而是一个充满活力与创新的产业体系。通过多元化的转型,农业不仅能为农民提供稳定的收入来源,还能为社会创造更多的经济、文化和生态效益。而这一转型过程中的每一步,都是对传统农业生产模式的挑战和突破,都是对农业未来的深刻探索,具有极其重要的意义。

二、加大科技创新力度

科技创新已经成为推动现代化农业发展的重要动力。随着科技的不断进步,农业生产方式发生了巨大的变化,传统的劳动密集型生产模式逐渐向智能化、信息化、精准化转变。尤其是农业物联网和智慧农业系统的引入,为农业产业的科技含量提供了前所未有的提升机会。通过这些现代科技成果,农业不再仅仅依赖传统的经验和人力,而是能够实现精准监控、智能决策和自动化管理,从而提高了生产效率,降低了生产成本,改善了资源利用率,同时也促进了可持续发展的进程。

农业物联网技术的引入,使得农业生产中各类资源的管理变得更加智能和高效。通过传感器、摄像头等设备的广泛应用,农业生产的各个环节都能实现实时监控。土壤湿度、温度、气象数据等可以通过传感器进行采集,并通过互联网传输到数据中心,农民和农业经营者可以通过智能手机或者电脑随时了解这些信息。基于这些数据,农业生产者可以精确掌握作物生长状况,从而优化灌溉、施肥、喷药等作业环节。这样的精准管理大大降低了资源浪费,同时也减少了农药、化肥的过度使用,减轻了环境负担。通过农业物联网,农民不再依赖经验来决定施肥灌溉的时机,而是根据实时数据来做出科学的决策,这样可以实现高效和可持续的农业生产。

智慧农业系统则是将信息技术与农业生产深度融合的产物。通过大数据分析、云计算等技术的支持,智慧农业系统能够对农业生产过程中的各项因素进行全面分析,帮助农民和农业企业制订出最优化的生产方案。在这些系统的支持下,农业经营者能够根据作物品种、土壤类型、气候条件等因素,自动生成适宜的种植计划和管理方案,并且能够进行精确的调度和监管。这不仅提高了生产效率,还提高了农产品的质量,增强了农业产业的整体竞争力。同时,智慧农业系统还具备自我学习和智能优化的能力,随着数据的不断积累和技术的不断完善,系统能够不断调整生产方案,进一步提高生产效率和效益。此外,科技创新还带来了农业产业链的深度优化。通过引进现代化的农业设备和技术,农产品的生产过程变得更加机械化和自动化。以无人机为例,其在农业中的应用,尤其是在植保作业中,发挥了重要作用。无人机可以自动巡航,精准喷洒农药,减少人工操作的同时提高了作业效率和精准度。与此同时,现代化的农业装备也使得土地的耕作、播种、收割等工作更加高效,节约了大量的劳动力。农业产业的现代化不仅体现在生产环节,还延伸至产品的加工、储存、运输等各个方面,通过全程的科技支撑,农业产品的附加值和市场竞争力得到了极大提升。

科技创新还为农业与其他产业的融合提供了可能性。随着信息技术的不断发展,农业与互联网、电子商务等行业的融合也愈加紧密。通过电商平台,农民不仅可以将自己的农产品直接销售到全国各地,甚至是海外市场,拓宽了销售渠道,也增加了收入来源。与此同时,现代物流系统的发展使得农产品的配送更加快捷高效,农民不再局限于传统的销售方式,能够实现更广泛的市场覆盖。这种农业与互联网的融合不仅拓宽了农产品的销售渠道,也为农业产业注入了新的活力。

科技创新为农业发展带来了革命性的变化。农业物联网、智慧农业系统等现代科技成果的应用,提升了农业产业的科技含量,使得农业生产更加智能化、精准化、自动化。同时,农业产业的全链条都得到了科技的支撑,从生产到加工、销售再到运输,都变得更加高效、绿色、可持续。未来,随着科技的不断进步,农业将迎来更加智能化、绿色化的发展新时代。科技创新不仅为农业产业的提升提供了强有力的支持,也为实现农业的可持续发展目标奠定了坚实的基础。

第四节　乡村经济协同发展的策略

一、区域内资源共享

在当今社会,资源的共享成为推动经济和社会发展的重要途径,尤其是在农村地区。区域内资源共享不仅有助于优化现有资源的利用效率,还能激发地方经济活力,提升整体竞争力。对于多个村庄之间的资源共享而言,其意义尤为重大,因为这涉及土地、劳动力、技术、资金等多方面资源的流动和配置。通过有效的资源共享,可以有效弥补资源分配不均的问题,推动区域经济的共同发展。

在农村经济中,生产设备往往是制约生产效率和产品质量提升的关键因素。由于大多数村庄的经济规模较小,单个村庄通常无法承担购买高端设备的高额成本。而当多个村庄之间实现资源共享,尤其是生产设备的共享时,便能够大大降低各自的设备投资压力。这种共享模式可以通过共同出资购买一些高效、精密的农业机械设备或加工设备,村民们按需使用。这不仅能提高生产效率,减少单独购买设备的经济负担,还能促进技术的推广和应用,提升整个地区的生产能力。比如,一台先进的拖拉机或收割机可以供多个村庄轮流使用,每个村庄的农民都能享受到其带来的生产效益。

除了生产设备,信息资源的共享也是提高整体经济效益的重要手段。信息化社会的到来使得信息资源成为一种重要的生产要素,尤其是在农业生产、市场营销、天气预报等方面,信息的及时获取和有效传递可以帮助农民作出更加科学的决策。然而,单个村庄由于地域的限制和信息获取渠道的不足,往往无法及时获得市场动态或农业技术的最新信息。通过村庄之间的信息共享,可以打破信息壁垒,形成信息互通的网络。例如,多个村庄之间可以建立信息交换平台,农民通过这种平台了解到外部市场的需求变化,从而根据市场变化调整生产结构,提高产品的市场适应性和销售价格。此外,市场渠道的共享对农村经济发展也具有重要作用。农村市场与城市市场的联系通常较为薄弱,农产品销售面临着渠道狭窄、销售困难的问题。通过跨村资源共享,可以促进市场信息和销售渠道的互联互通,提升农产品的市场竞争力。多个村庄联合起来,共同拓宽销售渠道,可以通过组建合作社、合作社与大企业对接等方式,实现资源的最大化利用。这样的市场共享不仅能增加农民的收入,还能增强整个区域的市场话语权。通过集体的力量,农民可以更有力地与中介、批发商谈判,确保自身的利益不被剥夺。

更重要的是,资源共享能够推动技术的普及与创新。在农村,技术的引进和应用往往受限于资金和专业人才的不足,而通过多个村庄之间的合作与资源共享,先进技术的推广变得更加可行。例如,村庄之间可以共享农业技术培训、农业生产的先进经验和方法,农民可以通过定期的技术交流会或合作学习,提升自身的生产技能和管理能力。此外,技术的创新和优化也能在多个村庄之间相互推动,不同村庄的技术人员可以交流经验，互相借鉴，形成良性的技术创新氛围，提升整个区域的农业综合生产能力。

区域内的资源共享不仅仅局限于物质资源的流动，还包括社会资源的共享。农村社会结构相对封闭，村民之间的合作精神较强，通过资源共享，村庄之间能够增强社会资本的积累。比如，村庄之间可以通过共享劳动力的方式，在季节性劳动密集的生产环节中，互相调剂劳动力，解决劳动力短缺的问题。这种社会资源的共享不仅可以帮助农民更好地应对生产的高峰期，还能增强村庄之间的凝聚力，促进区域内部的社会和谐与稳定。

在政策层面，推动区域内资源共享也能进一步提升政府对农村发展的扶持力度。政府可以通过制定相关政策，引导和支持村庄之间的资源整合与共享。例如，可以通过税收优惠、财政补贴等方式，鼓励村庄之间进行联合投资，支持基础设施建设，完善公共服务设施。这不仅有助于减少资源浪费，还能提高公共服务的覆盖率和质量，进一步推动区域经济的整体发展。

多个村庄之间的资源共享是促进农村经济全面发展的重要途径。它通过整合各村的优势资源，解决资源分散、利用低效等问题，推动整体经济效益的提升。随着资源共享模式的深入推进，农村经济的综合竞争力将不断增强，村民的生活水平也会得到持续改善。

二、跨村合作机制的建立

跨村合作机制的建立是当前农村发展中一项重要的战略举措，它不仅能有效促进资源的整合，还能提升各村经济的整体竞争力。在传统的农业模式下，村与村之间往往各自为政，缺乏有效的协调和合作，导致了资源的浪费和发展潜力的限制。而跨村合作机制的引入，将破除这种局限，通过协作与共同发展，形成合力，从而实现经济规模效益的提升。

随着农村经济的发展，单一村落的生产和市场规模往往无法满足大规模产业发展的需求，跨村合作成了拓宽发展空间、实现规模效益的有效途径。通过跨村合作，各村可以共享资源、技术、信息以及市场，形成更加完善的产业链和供应链。例如，几个相邻的村庄可以根据自身的资源优势和产业特性，开展农业种植、畜牧养殖等方面的合作,联合进行技术研发与推广,共同提高生产效率,降低生产成本。同时,跨村合作还能够避免单打独斗带来的市场风险,增强抵御市场波动的能力。

跨村合作机制不仅仅是资源共享,更是思想和信息的互通。随着信息技术的普及,各村之间可以通过互联网平台、信息共享平台等途径实现信息的快速流通。在这样的机制下,村与村之间能够迅速了解彼此的需求与供给情况,避免资源的过剩或短缺。在合作的过程中,村民和村干部的思想也会逐步得到提升,他们将会更清晰地认识到合作的重要性和必要性,从而逐步形成以合作为核心的发展思维。这种思想的转变,不仅仅促进了经济的增长,更推动了乡村社会的和谐与稳定。

跨村合作机制的建立,还能够有效提升各村的公共服务水平。许多农村地区,特别是偏远村落,往往面临公共服务资源的短缺问题,教育、医疗、文化等领域的基础设施建设滞后,导致了村民的生活质量难以提升。而通过跨村合作,多个村庄可以联合起来,共同规划和投资公共服务设施。比如,几个村可以共同投资建设一个医疗卫生站,或者联合设立一个农民技能培训中心,这样既能够节约成本,又能提高服务的覆盖面和质量。跨村合作的公共服务合作模式,不仅能够提高资源的利用效率,还能增强村民的凝聚力和归属感,促进村民生活质量的全面提升。此外,跨村合作还能够促进农业产业的多元化发展。许多农村地区的经济仍然过度依赖单一的农业生产模式,导致抗风险能力较弱。在跨村合作机制下,村与村之间可以开展多元化的合作,尤其是在农业产业化的过程中,跨村的合作可以帮助推动农业的产业化进程。通过合作,农产品的加工、销售、品牌建设等方面可以实现一体化运作,形成更强的市场竞争力,进一步促进农村经济的可持续发展。

在跨村合作的过程中,政府的引导作用尤为重要。政府可以通过出台相关政策,提供财政支持、技术培训和市场对接等服务,鼓励村庄之间的合作。同时,政府还应当为合作机制的建立提供一个公平、公正的平台,确保各方利益的合理分配,避免合作过程中的利益冲突。在推动跨村合作的过程中,政府不仅要注重物质资源的投入,更要加强制度建设,完善相关的法律法规,确保合作机制的顺利运行。

随着合作机制的逐步成熟,跨村合作将会在经济上产生越来越大的规模效益。在这个过程中,各村将不再是孤立的个体,而是通过合作互通有无,形成一个强大的共同体。这不仅仅是经济层面的合作,更是社会层面的共建共享,能够在很大程度上提升村民的整体福祉。通过不断加强跨村合作,不仅有助于实现农村经济的繁荣发展,也能推动乡村社会的持续进步,为实现乡村振兴战略提供坚实的基础和保障。

三、乡村联合营销的推广

在当前的市场环境中,单一村庄的营销已经逐渐无法满足日益复杂的市场需求。为了更好地提升区域品牌的知名度和市场影响力,多个村庄之间的联合营销逐渐成为一种行之有效的推广方式。通过将多个村庄的资源整合在一起,形成一个统一的品牌形象和营销体系,可以实现更广泛的市场覆盖,提高品牌的认知度,进而带动地方经济的发展。

多个村庄联合营销的核心理念是通过集结各村的独特资源与优势,发挥整体合力,打破个体单打独斗的局限。在实际操作中,这种联合营销不仅仅是单纯的资源共享,它还需要村庄之间在品牌定位、市场推广、产品设计等方面进行深度的协作与统一。通过这种协同效应,村庄的产品和服务可以在更大范围内得到推广,从而吸引更多的消费者和合作伙伴。

联合营销的一个重要目标是打造区域品牌,通过多个村庄的联合推广,可以形成一个较强的品牌效应。这对于提升区域品牌的知名度是非常有帮助的,因为消费者在看到某一品牌时,往往会联想到与该品牌相关的整个区域,从而产生更高的信任感和购买欲望。此外,当消费者在市场上看到多个村庄共同推广某一品牌时,这种“集体效应”能够增强品牌的可信度,提升市场的竞争力。联合营销还可以在各个村庄之间形成良好的合作氛围,促进资源的共享与互通。在传统的营销模式中,各个村庄往往都是单独运作,各自为战,虽然各自拥有自己的特色产品,但在市场上往往无法形成有效的竞争力。而在联合营销的模式下,村庄之间可以共享彼此的资源,例如营销渠道、销售网络、资金支持等,帮助各自弥补短板,提升整体的竞争力。通过整合营销资源,可以有效降低成本,提高效率,减少重复投入,从而在市场上形成合力。

联合营销还能够实现精准的市场定位。在现代营销中,消费者的需求越来越多元化,个性化的消费趋势日益突出。通过联合营销,多个村庄可以根据不同消费者群体的需求,进行更精准的市场细分和产品推广。不同村庄可以根据自己的特色,制定符合市场需求的个性化营销策略,针对性地推广自己的产品和服务。这样一来,不仅能够满足更多消费者的需求,还能在激烈的市场竞争中抢占先机,提升市场占有率。

区域品牌的提升不仅仅依赖于产品的质量和价格,市场的传播和宣传同样至关重要。在联合营销的过程中,各个村庄可以通过联合举办展览、推广活动、线上线下的广告投放等方式,加大对区域品牌的宣传力度,扩大品牌的影响范围。同时,联合营销也能够带来更多的媒体关注和社会资源的支持,增加品牌曝光度,提升品牌形象。通过这种多渠道的传播,能够更快地让消费者认知并接受该品牌,推动市场的快速发展。值得一提的是,联合营销还能够实现对外合作的扩展。在当今的市场竞争中,企业和品牌的生存空间不仅仅局限于本地市场,越来越多的品牌正在寻求跨区域、跨行业的合作机会。多个村庄的联合营销不仅仅是一个单纯的地方性合作,它还可以为品牌拓展更广阔的市场提供机会。通过联合营销,不同村庄的品牌可以共同参与到更广泛的商业网络中,增强与其他区域、其他行业品牌的合作机会,进一步扩大市场份额和品牌影响力。

第七章　生态环境保护与可持续发展

生态文明建设是乡村振兴的核心目标之一，乡村的生态环境保护与修复对于实现可持续发展至关重要。本章将深入探讨当前乡村生态环境现状与问题，研究生态保护与修复的规划方法，以及绿色能源与低碳发展的实现路径。随着环保意识的提升和绿色发展理念的普及，如何在乡村振兴的过程中实现生态优先、绿色发展的战略目标，成为乡村振兴中不可忽视的重要课题。本章将为读者提供生态环境保护和可持续发展的系统性研究成果，推动乡村在振兴过程中实现经济与环境的双重可持续。

第一节　生态环境现状与主要问题

一、生态系统多样性遇到挑战

随着全球人类活动的扩展，生物多样性遭受了极大的挑战，尤其是在工业化和城市化进程加速的今天，许多物种正在以惊人的速度消失。这一现象背后的根源在于人类对自然环境的过度开发、资源的无节制利用，以及污染问题的不断加剧。无论是土地开发、农业扩张，还是工业废弃物的排放，都在不同程度上破坏了生态平衡，使得大量物种无法适应不断变化的生存环境，导致了生态系统内部的复杂关系受到影响。

人类的活动，尤其是城市化和工业化的推进，直接导致了大片森林、湿地和草原的消失。这些自然栖息地的破坏不仅让大量依赖这些环境的动植物失去了栖息地，也打破了它们之间的食物链和生态联系，影响了物种的繁衍和生存。同时，农田化的扩展，也使得原本复杂多样的生态系统被单一的农业生态所替代，物种的多样性急剧下降。城市化所带来的污染问题更加剧了这一局面。空气中的有害物质、土壤中的重金属以及水体中的化学废料都在不断地侵蚀着自然生态的基础，许多动植物无法忍受这些环境污染的压力，逐渐被淘汰。

过度开发也是导致生态系统失衡的重要因素之一。为了满足日益增长的能源需求，人类不断开采矿产资源，砍伐森林，甚至开辟新的农业用地，这些活动不仅破坏了自然环境，还加剧了气候变化的进程。大规模的森林砍伐使得碳汇的功能大打折扣，空气中的二氧化碳浓度上升，加剧了温室效应，进而影响全球气候模式。气候变化本身就已成为生态系统多样性面临的巨大威胁，许多物种因无法适应新的气候条件而濒临灭绝。海洋酸化、极端天气事件的频发、气温的异常波动，都对生态系统造成了长远的影响，许多物种的栖息地变得更加不稳定，甚至许多物种因气候变化而无法找到适宜的栖息地或食物资源。

人类活动引发的生态破坏并不仅限于生境的直接改变，过度利用自然资源和滥捕滥猎也直接导致了物种的减少。在一些地区，由于过度捕捞，海洋资源几近枯竭；在其他地方，大规模的非法猎杀使得一些物种的数量急剧减少，甚至陷入灭绝的边缘。特别是一些具有特殊生态功能的物种，一旦它们消失，整个生态系统的稳定性将受到严重威胁。生态系统的功能是高度依赖于物种间相互联系的，任何一个关键物种的灭绝，都可能导致生态链的断裂，从而对整个生态系统造成无法挽回的损害。此外，全球化和贸易的扩大也加剧了物种入侵的风险。随着全球交通的便捷，外来物种被带入新的生态环境中，这些物种往往没有天敌，能够迅速繁殖，抢占本地物种的栖息地和资源，改变原有生态结构。这些外来物种的入侵常常对当地生物多样性构成威胁，甚至可能导致本地物种的灭绝，进一步加剧了生态系统的脆弱性。

在其中，污染的影响尤为突出。工业发展、农业活动和城市扩张带来的污染排放已经让自然环境的承载能力达到了极限。土壤和水源的污染不仅减少了物种的生存空间，还直接影响了其生长和繁殖能力。空气中的有毒气体和化学物质改变了自然界的化学循环，许多生物无法适应这些变化，从而引发了生态功能的失衡。化学物质的积累使得食物链中的生物受到了严重威胁，部分物种因食物链中的有毒物质而生病甚至死亡，进一步加剧了生态系统的脆弱性。

随着生态环境的持续恶化，生物多样性遭遇的压力已经到了难以忽视的地步。

生态系统的健康与稳定不仅关系到物种的生存与繁衍，还与人类自身的福祉息息相关。生物多样性的丧失意味着生态服务功能的丧失，这些服务包括净化空气和水源、调节气候、授粉等，这些都对人类的生产生活至关重要。随着生态功能的退化，整个地球系统的运转将变得更加复杂且不可预测，给人类社会带来的挑战也将愈加严峻。因此，如何保护生态系统的多样性，减缓人为活动对环境的负面影响，已成为当今社会亟待解决的全球性问题。

二、水资源短缺与水污染问题

水资源短缺和水污染问题在全球范围内愈发严重，成为影响人类社会可持续发展的两大重要挑战。水是生命之源，是社会生产和日常生活不可或缺的基础资源。然而，水资源的分布却极为不均，导致了全球各地水资源的紧张和供水不平衡。在一些水资源相对丰富的地区，水资源管理不善和浪费现象普遍，造成了供水的不稳定。而在另一些地区，由于地理、气候等自然条件的制约，水资源的供应本就有限，极易陷入水资源短缺的困境。干旱、少雨或地下水位过低的地区，居民和农业生产常常面临着缺水的严峻现实，尤其是在一些发展中国家和干旱地区，水的匮乏直接影响着当地的经济发展和民生改善。

水资源短缺不仅仅是水量不足的问题，还包括水质问题。在许多地方，尽管表面上水量看似足够，但水质的恶化却使得这些水资源变得无法利用。随着城市化进程的加快，人口数量激增，工业化程度的提升，水污染问题日益突出。工业废水排放、农业化肥农药的使用以及生活污水的处理不当，都是水污染的主要来源。工业废水中的有害化学物质、重金属以及有毒气体，一旦进入水体，不仅会破坏水生态系统，还可能通过水源进入人体，导致各种健康问题的发生。此外，农业活动中施用的化肥和农药通过径流进入水体，造成富营养化现象，水中的溶解氧含量下降，水质恶化，水生物种群遭受威胁，生态平衡被破坏。过量的农药残留也直接危害到人类的食品安全，长期接触甚至摄入这些有害物质可能引发严重的健康问题。与此同时，生活污水的排放也是水污染的重要因素之一。在许多城市和乡村，由于污水处理设施建设不完善或者老化，污水未经过有效处理就直接排放到水体中，造成水源污染。尤其是在一些发展中国家，城市化快速发展，水处理设施的建设和管理滞后，导致大量生活污水未经处理直接进入河流、湖泊和海洋。这些污水中含有大量有机物、细菌、病毒等，严重影响水质和人类健康。

水资源短缺和水污染问题相互交织，导致的后果不仅仅是水质和水量的下降，更深层次的是对生态环境和社会经济的长期影响。随着水体污染的加剧，许多生态系统面临崩溃的风险。水质恶化导致的水生物死亡和水体退化，严重影响着渔业资源的可持续性，也使得许多地区的农业灌溉水源变得不再适用。在一些发展中国家，水污染还加剧了贫困，尤其是依赖水资源的农村地区，缺水和水污染共同威胁着当地居民的生存条件。而在城市中，随着工业化和人口的增加，水资源的需求大大增加，原本有限的水源承受着越来越大的压力，水的供给和需求之间的矛盾日益突出，给城市的水资源管理带来了极大的挑战。

第二节　生态保护与修复规划

一、制订生态保护规划

制订生态保护规划是一个系统性、长远性的工作，涉及对自然资源的合理利用与保护的平衡。科学的规划需要充分了解区域内生态环境的现状，识别出最具生态价值的区域以及存在潜在威胁的脆弱地带。通过对这些关键生态区域的深入研究，可以为后续的保护工作提供理论依据和实践方向。对于生态红线的划定，其核心目的就是明确哪些区域是绝对不能破坏的生态空间，这些区域通常承载着生态系统的基础功能，如水源涵养、气候调节和生物多样性的保护等，因此，它们的保护具有不可替代的意义。

生态红线的划定不仅要考虑生态环境的现状，还要结合未来发展的需要，科学预测在不同发展阶段可能带来的生态压力，从而确保保护区的长期有效性。在此基础上，合理的生态保护措施需要具体而深入。这些措施可能涉及限制某些区域的开发活动，设立严格的法律和监管机制，甚至在必要时进行生态修复，通过重新植被、治理水土流失等手段恢复生态功能。这一切工作的根本目的，是在不妥协于生态底线的前提下，促进社会经济与生态环境的协调共生。

自然保护区的建立则是保护规划中的重要组成部分。自然保护区不仅仅是一个地理概念,还是对自然生态系统进行集中保护的区域,通常是那些具有独特生态特征、珍稀物种或者具有重要生态功能的地方。在建立自然保护区时,除了需要对生态环境进行全面评估,还要考虑到当地社区的经济利益以及社会文化的接受度。这需要采取一种综合性的管理方式,在保护生态资源的同时,也要促进地方经济的可持续发展。

对重要生态区域的保护应当具备严格的监管机制。生态环境的变化往往具有长期性和复杂性,短期内难以见效的保护措施可能因缺乏持续性的投入而造成无法挽回的损失。为了确保这些重要生态区域能够在长期内维持稳定的生态状态,需要建立专业的管理团队,制定详细的管理规范,并在社会各方面的监督下执行。这些措施的实施不仅仅依赖于政府的力量,还需要调动社会各界的积极性,广泛引导公众的环保意识,通过法律法规、政策支持以及宣传教育等手段,形成全民参与生态保护的氛围。

在实践中,生态保护规划还应关注生物多样性的保护,因为物种的多样性是生态系统健康的标志,也是维持生态平衡的重要基础。随着人类活动的不断扩展,许多物种面临灭绝的风险,生物多样性的丧失将直接影响到生态系统的稳定性,甚至可能引发不可预见的生态危机。因此,在生态保护规划的设计中,必须对生态系统内的物种组成、分布和生态功能进行深入分析,采取具体的措施进行保护和恢复。与此同时,生态保护规划也要具备一定的灵活性,能够应对未来可能出现的生态挑战。随着气候变化、人口增长、资源消耗等全球性问题的加剧,生态环境的脆弱性愈发明显。如何在不断变化的环境中保持生态系统的稳定性,是生态保护规划需要解决的一个关键问题。因此,在规划的制定过程中,除了要考虑当前的生态需求,还要留有应对未来生态变迁的空间,确保规划在执行过程中具有一定的适应性和可操作性。

生态保护规划的制订是一个庞大而复杂的工程,涉及自然科学、社会科学以及政策等多方面的知识与力量。它不仅关乎生态环境的保护,更直接影响到人类社会的可持续发展。通过科学合理的规划,可以为生态环境的长期保护提供制度保障,同时也能为经济社会的绿色转型奠定基础。在此过程中,生态保护与社会经济的协调发展是实现可持续发展的关键所在。

二、推进生态修复工程

推进生态修复工程，是应对当前生态环境问题、保护自然资源、实现可持续发展的关键路径之一。近年来，随着人类活动对自然环境造成的影响日益显现，生态修复已经从一个边缘性的概念逐渐发展成为全球性的行动。通过河流、湖泊、森林等重要生态系统的修复，不仅能够恢复这些生态系统的自我调节功能，也为整个生态环境的可持续发展提供了保障。

生态系统在自然演替过程中，本就具备自我调节的能力。然而，随着工业化、城市化进程的加速，过度的资源开发和污染排放使得许多生态系统遭到严重破坏，生态平衡被打破，很多原本能够自我修复的自然系统也失去了这一能力。在此背景下，生态修复的实施变得尤为紧迫，修复工作不仅仅是恢复物种多样性、改善水质或空气质量那么简单，更是为了恢复生态系统整体的稳定性和功能。通过有效的修复措施，增强生态系统的承载力和恢复力，让它们重新具备对外界变化的适应能力，进而维护人类和自然的和谐共生。

对于河流、湖泊等水体生态系统的修复，重点在于水质的改善和水生生物的恢复。水体受污染后，其生态功能将受到极大影响，水体自净能力减弱，原生生物种群的多样性下降，水体环境的退化甚至会引发一系列连锁反应。因此，修复工程通常要从源头入手，减少污染物的排放，控制农业和工业活动对水体的污染，建立完善的水资源管理制度。与此同时，通过人工湿地建设、植被恢复、水生植物种植等措施，改善水体的自我净化能力，为水生生物提供栖息和繁殖的环境。此外，适时开展水体生态修复实验，运用生态工程技术，如生物修复和生态系统调节等手段，逐步恢复水体的生态功能，使水体逐步恢复其生物群落和水质的自然平衡。

森林生态系统修复则是一个更为复杂且长期的过程。森林作为地球上最重要的生态系统之一，其对空气质量的改善、水源涵养、碳储存以及生物多样性的维护等方面具有不可替代的作用。然而，非法砍伐、城市扩张、过度放牧、气候变化等因素都使得全球森林资源遭遇前所未有的破坏，部分地区的森林生态系统已经接近崩溃。在森林修复过程中，不仅要考虑物种的补植和栖息地的恢复，更要关注森林的生态功能。修复项目通常涵盖了植被恢复、土壤保护、病虫害防治等多个方面。通过选择适宜的树种进行重新种植、加强对森林管理的监督和控制、科学设计生态走廊等手段，使森林能够在较短时间内恢复其生态功能，进而为物种提供栖息空间、为水土保持提供保障。此外，推进生态修复还必须考虑整个生态系统的整体性。在修复过程中，要避免单一修复的思维方式，关注各个生态要素之间的相互关系。生态修复并不仅仅是简单的物理环境恢复，更是一个动态的生态过程，它要求我们在修复过程中，深入理解生态系统的复杂性，充分考虑不同物种、生态功能以及环境条件之间的相互作用。因此，在实施修复项目时，必须依据科学的生态学原理，综合运用生物学、环境科学、地理信息科学等多学科知识，制订出切实可行的修复方案，并且结合具体区域的生态特点进行差异化的设计和实施。

随着修复技术的不断进步，生态修复的效果也越来越显著。通过现代的遥感技术、环境监测技术等手段，可以实时监控修复过程中生态系统的变化情况，及时调整修复策略。生态修复工程不仅为生态环境的恢复提供了技术支持，更为人类社会的可持续发展奠定了坚实的基础。通过系统化的生态修复，能够有效提升生态环境的承载力和恢复力，使生态系统在面对外部环境变化时，更具韧性和适应性，最终实现人与自然的和谐发展。

三、加强污染治理措施

加强污染治理措施是实现可持续发展和生态文明建设的重要任务，尤其是在全球环保意识逐渐增强和环境问题日益严重的背景下，采取有效的治理手段显得尤为紧迫。污染治理不仅关乎经济的持续健康发展，更直接影响到人民的生活质量与身体健康，因此，对于不同类型的污染源进行精准治理，是提高生态环境质量的关键。

水体污染一直以来都是环境治理的重点之一，水是生命的源泉，水资源的污染直接威胁到生态系统的平衡与人类社会的可持续发展。工业废水、农业面源污染和生活污水是主要的污染源，它们通过各种途径排放到水体中，导致水质恶化，甚至威胁到饮用水安全。在水体污染治理方面，需要结合源头治理与末端处理的方式。一方面，企业和工业园区应加强污染物排放控制，采用先进的水处理技术，避免未经处理或处理不充分的废水直接排放到水体中；另一方面，对于生活污水，应加强污水管网建设与污水处理厂的建设，提高污水处理能力，确保污水达到标准排放。农业面源污染的治理更为复杂，需要推广科学的农业生产方式，减少化肥、农药的使用，采用有机农业等环保措施，减少污染物的流失。此外，还应加强水体监测体系的建设，及时发现水体污染源，并采取相应的治理措施，确保水环境质量的持续改善。

大气污染问题则呈现出更为复杂的局面，特别是随着工业化进程的加快，排放的废气量逐年增加，空气质量的下降已成为许多城市面临的严峻问题。大气污染不仅严重影响空气的清新度，还危害人类的健康，造成了呼吸道疾病的高发，甚至影响生态环境的稳定。治理大气污染需要从源头减排和提升技术水平入手，工业企业必须加强污染物排放控制，淘汰落后的生产设备，采用更为环保的生产技术，同时加大清洁能源的使用比例。对交通领域的污染治理也至关重要，随着汽车数量的增加，尾气排放成为大气污染的主要源头之一。因此，发展新能源汽车、提高燃油标准和加大公共交通设施建设，减少对私人汽车的依赖，都是有效的减排措施。此外，针对建筑、家庭等小源排放污染，也要加强环境治理的普及与技术支持，推广使用环保材料与节能设备，减少能源消耗及有害气体排放。

土壤污染的治理也是当前环境保护的重要任务之一。长期以来，工业废弃物、不当的农业生产活动以及生活垃圾的堆放，都对土壤造成了严重的污染。污染的土壤不仅会影响农作物的生长与产量，还可能通过食物链进入人体，危害人类健康。土壤污染治理需要综合考虑不同污染物的特点与来源，采取物理、化学与生物相结合的治理方法。对于有毒有害的重金属污染，可以通过土壤修复技术，如植被修复、化学稳定剂的应用等手段，减少污染物的迁移与扩散。对于农业面源污染引起的土壤退化问题，提倡绿色农业与生态种植方式，减少农药、化肥的使用，同时加强农业废弃物的资源化利用，避免化学物质对土壤的长期污染。还应加强土壤质量的监测与评估，对污染土壤进行长期的跟踪与管理，及时发现土壤污染风险，并采取相应的修复措施。

随着环境保护法律法规的不断完善，治理措施的执行力也在不断增强。然而，单靠政府的力量难以从根本上解决所有环境问题，因此，公众的环保意识也显得尤为重要。加强公众的环保教育,普及环保知识,提高社会各界的环境保护参与度,可以为污染治理提供更加广泛的支持。在治理过程中,科技创新和绿色技术的应用同样不可忽视,随着科技的不断发展,许多新型环保技术逐渐成熟,环境治理效果不断提升。未来,污染治理将不再局限于传统的治理方式,而是通过更加智能化、精细化的手段进行治理,实现更高效、更可持续的污染防治目标。

第三节　绿色能源与低碳发展

一、推动可再生能源利用

随着全球能源需求的不断增长和环境问题的日益严峻,推动可再生能源的利用已成为当今社会的重要议题。风能、太阳能和水能等可再生能源因其环保、可持续的特点,成为全球能源转型的核心。在这一背景下,积极推动可再生能源的开发和应用,不仅有助于缓解资源枯竭问题,还能有效减少对化石能源的依赖,进而降低能源消耗对生态环境的负面影响。

风能作为一种清洁的能源,近年来得到了广泛的应用。风力发电不仅不产生温室气体,也不污染水源,完全符合环保要求。随着技术的不断进步,风力发电的效率不断提高,成本逐渐降低。许多国家和地区已经将风能列为未来能源战略的一部分,尤其是海上风电,其巨大潜力被广泛看好。海洋区域的风能资源丰富,风速稳定,适合大规模开发,能够为沿海地区提供大量的清洁电力。相比传统的火力发电,风力发电几乎不需要消耗水资源,而且安装和运营维护的成本逐渐得到控制,这使得风能在全球范围内得到了更大范围的应用。

太阳能作为最为丰富的可再生能源之一,其开发和利用潜力巨大。地球每天都会接收到大量的太阳辐射能,而通过光伏技术将太阳能转化为电力,不仅清洁、无污染,而且能够大规模部署。近年来,光伏产业经历了技术突破和成本下降,太阳能电池的转化效率不断提升,使得太阳能成为全球最具发展潜力的可再生能源之一。在许多地区,太阳能已逐渐成为家庭和商业建筑供电的重要来源。与此同时,光热发电技术的兴起,也让太阳能在集中式电站中的应用前景愈加广阔。太阳能发电系统不仅能够有效降低能源消耗，还能显著减少二氧化碳等有害气体的排放，有助于减缓气候变化。

水能作为最早被人类利用的可再生能源之一，至今仍在全球能源结构中占据重要地位。水力发电是通过水流的动能转化为电能，具有非常高的能量转换效率。大型水电站的建设能够提供大量的清洁电力，为工业生产和民用生活提供可靠的能源保障。而小型水电站的建设则为一些偏远地区的能源供应提供了新的解决方案，尤其是在山区和江河流域，水力发电可以满足当地的基本能源需求。尽管水电建设可能会对生态环境造成一定的影响，但通过合理规划与管理，可以最大限度地减少对生态系统的破坏，确保水能的开发与生态保护之间的平衡。然而，推动可再生能源的利用并非没有挑战。虽然可再生能源具有清洁、环保等优点，但它们的波动性和间歇性使得能源供应的稳定性成为一个问题。风能和太阳能的发电量受天气和季节的影响较大，电力的输出不稳定，这就要求电网具备更强的调度能力，能够在需求与供应之间保持平衡。此外，储能技术的提升也是推动可再生能源广泛应用的关键。只有通过高效的储能设施，才能将多余的电力储存起来，在需求高峰时释放，保障能源供应的稳定性。

随着可再生能源技术的不断发展，能源的利用效率不断提高，成本也逐渐降低。全球范围内，许多国家和地区纷纷出台了支持政策，加大对风能、太阳能、水能等领域的投资。尤其是在发展中国家，政府通过补贴、税收优惠等手段，鼓励企业和民众积极投资绿色能源，促进了可再生能源的快速普及。在政策的推动下，全球可再生能源的比重不断上升，化石能源的消费逐步减少。随着技术进步和成本的下降，可再生能源未来有望在全球范围内实现大规模普及，从而为全球经济的可持续发展和生态环境的改善做出重要贡献。

可再生能源的利用不仅仅是应对气候变化的必要手段，也是推动全球经济转型、促进绿色发展的重要途径。通过加强科技创新、优化政策支持和提升国际合作，我们可以加快可再生能源的应用步伐，迈向一个更加绿色、低碳和可持续的未来。在这一过程中，风能、太阳能和水能的广泛利用，将为全球的能源结构带来深远的变革，带动全社会向着更加清洁、高效的能源使用模式转型，最终实现环境保护和经济发展的双赢局面。

二、提升能源利用效率

提升能源利用效率是实现可持续发展的核心环节之一,尤其在当前全球应对气候变化、推动低碳经济的背景下,能源的高效利用成了经济发展与环境保护的关键纽带。随着能源需求的不断增长,如何在满足生产和生活需求的同时减少资源浪费,优化能源的利用效率,成了现代社会亟待解决的重要课题。通过广泛应用节能技术和设备,不仅可以降低能源消耗,还能够在提升生产力的同时减少碳排放,进而推动经济的高质量发展。

能源的有效利用不仅仅意味着降低能源消耗,更在于通过技术进步和系统优化,提升能源转换和传输的效率。无论是在工业生产还是在日常生活中,能源利用的效率决定了资源的配置方式和经济体系的可持续性。在工业领域,许多传统的能源使用方式都存在着效率低下的问题,比如过度依赖化石燃料进行能源转换,或是忽视能源回收和再利用的潜力。为了提升能源的利用效率,需要对能源消耗的各个环节进行深入的分析与优化。例如,通过引入先进的生产工艺和设备,可以减少能源的浪费,同时提高单位产品的能源利用效率。此外,智能化、数字化技术的发展也为能源管理提供了新的可能性。通过实时监测和数据分析,企业能够精确掌握能源的消耗情况,从而制定更加精细化的节能措施。

在能源的传输和存储方面,技术的创新同样扮演着至关重要的角色。传统的能源传输系统中,由于能量在传输过程中会出现不同程度的损耗,造成了资源的浪费。随着输电、配电技术的不断进步,尤其是在高效输电系统的研发和应用上,能源传输的损耗已经得到了显著降低。通过使用高效的输电线路和先进的变电设施,不仅能够减少能源的损失,还能够提高电力系统的稳定性和可靠性。对于能源存储而言,新型的储能技术,特别是高效电池和大规模储能系统的普及,也使得能源能够更好地调配和利用,进一步提高了能源的综合利用效率。

在消费端,尤其是建筑和交通领域,能源效率的提升同样意义重大。建筑的能效提升包括了建筑设计、材料选择、取暖和制冷技术等方面的优化。通过采用节能建筑材料、提高建筑隔热性、加强窗户的能效等措施,建筑物的能源消耗得以显著降低。此外,现代化的暖通空调系统以及智能温控技术,也可以有效调节室内温度,避免能源的过度使用。在交通领域,推动电动化、智能化的交通工具能够显著减少传统燃油车对能源的需求，并有效减少二氧化碳排放。自动驾驶技术和共享出行的普及，也能够提高交通系统的整体效率，减少不必要的能源浪费。

提高能源利用效率不仅是一个技术性的问题，更是政策导向、市场机制与社会参与相结合的综合性工程。政府在这一过程中起到了至关重要的推动作用。通过制定严格的节能标准和监管机制，可以引导企业和公众朝着节能减排的方向努力。同时，政府可以通过财政补贴、税收优惠等政策手段，激励企业和个人投资于高效能源技术和设备。市场则通过竞争机制，促使企业不断创新，不仅降低生产成本，还提高了能源的综合利用效率。在这一过程中，公众的节能意识同样不可忽视。通过提高人们对能源效率的认知，并鼓励公众参与到节能行动中，社会各界的共同努力能够形成合力，进一步推动能源效率的提升。

第四节　可持续发展的乡村治理模式

一、推进生态农业

在当今世界，农业的发展面临着环境污染、资源枯竭和生态退化等多方面的挑战，因此推进生态农业成了实现可持续发展的关键路径之一。生态农业的核心理念是通过有机农业和循环农业的有机结合，减少对自然环境的干扰，保护土壤和水资源的质量，促进农业系统的健康发展，并最大化地提高资源的利用效率。这不仅有助于提升农业的生产力，还能为农业从业者创造更为稳定的经济收益，同时保障生态系统的长期健康。

有机农业作为生态农业的重要组成部分，以避免使用化学农药、化肥等外源性物质为特征，强调通过自然的方式改良土壤，保护和增加生物多样性，并通过生态平衡来防治病虫害。通过有机农业的实施，不仅能够减少农业化学品对土壤的污染，还能显著改善水质和空气质量。由于有机农业在种植过程中不依赖化学肥料和农药，作物的品质更加天然健康，农产品中的残留物质远低于常规农业生产，消费者可以享受到更安全、更健康的食品。此外，循环农业的理念与有机农业有着紧密的联系，强调通过生态闭环的方式来进行农业生产，旨在实现资源的循环利用和废弃物的最小化。在循环农业模式下,农场的废弃物如植物残渣、动物粪便等可以被转化为有机肥料或能源,循环使用。这不仅减少了农业废弃物对环境的污染,还减少了农场对外部资源的依赖,如化肥、农药和能源,从而降低了生产成本,同时提高了农场的自给自足能力。通过这种方式,农场的生态系统变得更加稳固和持续,也有助于减少对土地和水资源的过度开采。

推进生态农业的关键是改善土壤质量和水资源的管理。长期以来,传统农业过度依赖化肥和农药,不仅破坏了土壤的结构和肥力,还导致了大量的水土流失和水体污染。化学品的大量使用使得土壤中的有机质含量逐年下降,生物活性逐渐减弱,导致土壤的自然自我修复能力降低。与此同时,过量施用化肥和农药也会渗透到地下水中,甚至通过径流进入河流、湖泊等水体,造成水源的污染。推进生态农业,不仅要停止过度依赖化学品的使用,还要采取合理的轮作、间作和有机肥料等方法,恢复土壤的肥力,增加土壤中的有机质含量,促进微生物活动,增强土壤的生物多样性和生态服务功能。

在水资源的利用上,生态农业也提出了新的思路。农业用水在全球范围内是水资源消耗的重要领域,而农业水污染问题也日益严重。推进生态农业,尤其是在灌溉和水源管理上,采取更加科学的手段,既能够提高水资源的使用效率,又能够防止水污染。通过合理规划水源使用,推广滴灌、喷灌等节水灌溉技术,可以有效减少水分的浪费,同时避免农药和化肥的流失,减少对水体的污染。此外,生态农业还提倡雨水收集和水资源的循环利用,使得水资源得到最大限度的保存和再利用。

生态农业的推进不仅是对环境的保护,更是农业可持续发展的需要。在全球人口日益增加、资源愈发紧张的今天,传统的农业生产模式已经难以满足人们对食品安全、环境保护和生态平衡的需求。生态农业模式的推广,能够有效地提高农产品的产量和质量,同时减少对环境的负面影响,促进农业生产的可持续性。通过科技创新、制度保障以及农民的积极参与,生态农业不仅能够提升农业的生产效益,还能为农村经济带来新的增长点。

推动生态农业的发展,不仅是农业发展的一项技术性任务,更是一个系统性工程,涉及政策、技术、管理和社会各方面的共同努力。随着生态农业理念的普及和实践，农业生产方式逐渐向着绿色、环保、可持续的方向转变。这不仅是对未来的投资，也是对当前和未来人类共同家园的责任。在这条道路上，我们不仅要解决当前农业面临的问题，更要为未来的农业发展奠定坚实的基础，确保粮食安全、生态安全和环境安全的长久持续。

二、发展乡村生态旅游

乡村生态旅游作为一种可持续发展的旅游模式，具有巨大的潜力。随着社会经济的不断发展，城市化进程加快，人们对自然和绿色生活的向往日益强烈。在这样的背景下，乡村生态旅游不仅能满足人们对生态环境和田园风光的需求，还能为乡村带来新的经济增长点，推动乡村振兴。

乡村的生态资源丰富多样，这些资源本身就是乡村生态旅游发展的宝贵基础。不同地域的乡村拥有不同类型的自然景观，包括山川河流、森林草地、湿地和湖泊等。这些自然资源在长期的历史演变过程中与当地的人文历史和文化传承紧密相连，形成了独特的生态景观和人文景点。这种独特性决定了乡村生态旅游的巨大吸引力，游客不仅可以在这里享受大自然的美景，还可以深入体验到浓厚的乡土文化。

发展乡村生态旅游的关键，在于如何将这些自然资源转化为可持续的旅游项目，并且能够在促进地方经济发展的同时，保护和合理利用生态环境。在具体操作层面，乡村生态旅游的发展可以从多个方面进行探索。比如，通过建设生态旅游线路和景区，提供不同主题的旅游活动，吸引游客来乡村享受远离城市喧嚣的宁静。同时，结合当地的农耕文化和民俗传统，开发乡村旅游产品，不仅能增加旅游的多样性，也能让游客更加深刻地感受到乡村的独特魅力。

生态旅游项目的开发不应仅仅聚焦于短期的经济效益，更应注重长远的生态保护。在生态旅游的过程中，居民的收入得到增加，然而环境的保护同样是一个不可忽视的课题。为了确保乡村生态环境不被破坏，旅游开发必须严格遵守生态保护的原则。例如，旅游设施的建设应当考虑到对自然景观的最小干扰，避免过度开发造成的资源浪费和生态失衡。与此同时，游客的行为也需要得到引导和规范，避免不当的活动破坏生态环境。

乡村生态旅游的发展也需要与当地社区的可持续发展密切结合。旅游的成功不仅体现在游客的数量上，还在于能够激发本地居民的参与热情，提高他们的经济收入水平。在乡村，农业和生态旅游有着天然的联系，农民不仅可以通过提供农产品、手工艺品等资源参与到旅游中，还可以从旅游服务行业中获得收入，如民宿、餐饮和交通等服务的提供。此外，随着旅游业的兴起，当地的基础设施建设也会得到改善，乡村的道路、水电等设施将得到进一步完善，居民的生活质量也会随之提升。

但同时，乡村生态旅游的发展也面临着一些挑战。在一些生态资源丰富的乡村，过度开发带来的环境负担不容忽视。一方面，游客的大量涌入会带来垃圾、废水和噪声等污染问题；另一方面，过度的商业化开发也可能会破坏当地的自然景观和生态系统。因此，乡村生态旅游的可持续发展要求在规划和管理上更加科学，不能盲目追求经济效益，而要始终把生态环境的保护放在首位。政府和相关部门需要出台相应的政策和法规，严格限制一些破坏性较大的活动，确保乡村旅游的长期健康发展。

乡村生态旅游作为乡村振兴的重要组成部分，能够为乡村带来可观的经济效益，提高居民的收入水平，改善基础设施建设，同时也促进了乡村生态环境的保护。通过科学规划和管理，可以实现生态保护与旅游开发的双赢，推动乡村在实现经济发展的同时，保持生态环境的可持续性。乡村生态旅游不仅是经济转型的突破口，更是推动乡村全面振兴的重要引擎。

三、构建社区参与机制

在当前乡村治理的过程中，增强村民的参与感显得尤为重要，尤其是让村民参与到乡村治理的各个环节，不仅有助于提高治理效果，还有助于构建更加和谐与可持续的社区环境。村民作为直接受益者，他们的意见和建议能够在实践中发现治理中的盲点和短板。因此，通过加强村民的参与机制，能够有效推动生态保护与资源的合理利用，推动乡村治理向更加民主、科学和高效的方向发展。

要实现这一目标，必须重视村民自治的建设。村民自治是乡村治理的重要基础，它强调通过村民的自我组织、自我管理来提升治理的透明度和公正性。通过建立民主选举机制、组织村民代表大会或村民议事会等形式，让村民在政策制定、执行和监督等各个方面都能发挥积极作用。这种参与应当扩展到日常事务的管理中，如环境保护、资源利用和公共设施建设等方面。村民自治能够激发村民的主动性和责任感，从而有效提高他们对生态保护和资源利用的关注与参与。

除了村民自治，合作精神的培养也是乡村治理中不可忽视的一环。村民之间的合作关系可以成为推动乡村治理的一个重要动力。通过增强村民间的合作意识，使他们在生态保护和资源管理等方面能够共同努力，从而提升整体治理效果。在乡村生态保护的过程中，村民不仅仅是政策的执行者，还是生态保护的参与者和受益者。当村民共同参与到生态环境保护项目中时，能够形成强大的社会支持网络和资源共享机制。通过集体协作，大家可以更好地进行土地资源的合理配置与利用，避免资源的浪费和过度开发，实现可持续的生态发展。

村民参与的机制还应注重教育和培训。通过普及环保知识、生态资源的可持续利用和村民自治的相关法律法规，可以提升村民的整体素质和参与意识，使他们在参与乡村治理时，具备更强的专业性和理性判断能力。这不仅仅是为了培养村民的环保意识，也为了让他们在面对具体治理问题时，能够科学合理地作出决策，避免盲目行动造成资源的浪费或生态的破坏。通过定期的培训和学习，能够使村民在面对外界挑战时，保持应对能力，并且能够与政府和相关部门形成更加紧密的协作关系。

村民的参与应当贯穿整个生态保护和资源管理的过程，从政策的制定、实施到最终的评估与反馈，每个环节都应该保证村民的充分参与。具体来说，在政策的制定过程中，政府可以通过召开座谈会、问卷调查等方式，广泛听取村民的意见和建议，确保政策的合理性和可行性。在实施阶段，可以通过村民代表或村民自发组织的志愿队伍参与到具体行动中，监督和协助政策的落实。最终，经过一段时间的实施后，村民还应当参与到政策评估和反馈过程中，提出自己的评价和建议，为后续的政策调整提供依据。

通过这种机制的建立，村民不仅能够参与到乡村治理中，而且能够在其中发挥更加重要的作用。这种参与感的增强，能够促进村民对生态保护与资源管理的认同和支持，进而推动乡村社会的全面进步。通过村民自治与合作，乡村的资源得到了更加合理的利用，生态环境得到了有效保护，治理效果也得到了显著提升。同时，村民对乡村治理的信任与支持得到了增强，形成了政府与村民之间良性互动的局面，为乡村的长期可持续发展奠定了坚实的基础。在这种共同参与的模式下，乡村的治理不再是上级政府单方面的行政行为，而是一个多方协同、共同参与的治理过程，推动了乡村社会从被治理向自我治理转变，从而形成了更加和谐和有活力的乡村社会。

第八章　乡村文化保护与传承

乡村振兴不仅仅是物质层面的提升,更是文化认同与文化传承的重要途径。乡村文化的独特性与地方性,是乡村振兴中的宝贵资源。本章将重点探讨乡村文化遗产的价值、传统村落建筑的保护与设计、地方性文化与现代设计的结合等内容。文化遗产的保护与传承,不仅能够增强乡村的文化自信,也有助于提升乡村旅游等相关产业的发展。通过本章的学习,读者将能够更加深入地理解文化保护与乡村振兴之间的互动关系,并探讨如何通过规划设计保护与创新并行,推动乡村文化的持续发展。

第一节　乡村文化遗产的价值与保护

一、文化遗产的历史价值

乡村文化遗产承载着历史的印记,反映着一个地区、一个民族的传统、风俗与生活方式。它不仅仅是建筑物、工艺品或土地的遗留物,更是历史长河中的见证者,映照着不同时代的社会变迁与人们的思维方式。这些遗产凝聚了先人的智慧与创造力,是我们理解过去、传承历史的重要载体。它们所展现的独特文化特征,不仅为我们提供了对过去社会的直观认识,也帮助我们理解曾经的人们如何与自然环境和谐相处、如何在各自的文化背景下建立起生活的秩序和方式。

乡村文化遗产所具有的历史价值,首先体现在它是对一个时代的见证。无论是古老的村落、传统的建筑形式,还是特有的民俗活动、手工艺品,它们都能反映出那个时期的社会结构、经济模式、信仰体系以及人际关系。在这个信息碎片化的时代,这些遗产不仅是历史的碎片,更是我们能够接触到的最直接的“历史材料”。它们跨越时空,把过去与现代紧密地联系在一起。比如,一座古老的寺庙,不仅是宗教信仰的象征，它的建筑风格、所用材料以及周围的环境都能让我们窥见那个时代的建筑技术、艺术审美和生活方式。通过这些遗产，我们可以更深刻地了解一个地区的历史脉络，感受到人类文化在漫长岁月中的积淀与演变。此外，乡村文化遗产的历史价值还体现在它对于地方文化认同的塑造上。对于生活在这个地区的居民来说，文化遗产不仅仅是过去的回忆，更是一种身份的象征，是他们与历史、与祖先之间深刻联系的纽带。在乡村中，许多传统的风俗和节庆活动至今依然得以传承，这些活动通常带有浓厚的地方特色，是对历史的一种情感表达和记忆复兴。在乡村，集体的记忆与历史往往通过口口相传、节庆仪式、民间传说等方式得以延续。这些文化遗产帮助人们形成对自己历史的认同，增强他们对自身文化的自豪感和归属感。

保护乡村文化遗产不仅是为了保存这些具有历史价值的物质和非物质财富，更是为了让后代能够理解和传承这些遗产中的智慧与美好。随着时代的进步，许多古老的技艺、语言、风俗已经逐渐消失或变得模糊，但它们曾经是过去生活的一部分，是那个时代社会中不可或缺的组成部分。通过保护这些遗产，我们不仅是在保存历史，更是在传递一个时代的精神与文化。无论是传统的手工艺、古老的建筑形式，还是当地的风俗节庆，这些文化遗产都在表达着特定历史背景下的人类智慧和创造力。

保护乡村文化遗产的过程，实际上是一个回溯历史、再造记忆的过程。它要求我们深入挖掘历史背后的文化内涵，并将其呈现给后人。历史的价值不仅仅在于它作为时间的标本存在，更在于它通过我们的保存和传承，能够与当下的生活产生联系。每一项乡村文化遗产的背后，都承载着丰富的历史故事和深刻的社会意义。只有通过深入了解这些历史价值，我们才能更好地理解历史，珍视今天所拥有的文化与文明，同时为未来提供更多的文化资源和历史借鉴。

乡村文化遗产的保护不仅是对过去的尊重，它更为今天的文化认同提供了根基。在全球化和现代化的背景下，许多传统文化面临消失的危机。乡村文化遗产的保护，正是在这种背景下，起到了稳固文化自信、维护民族特色的作用。通过保护和传承乡村文化遗产，不仅可以帮助我们更好地认知自己的历史，还能够在现代化的进程中保持文化多样性，使得我们的社会在发展中不忘根本，保持对传统和历史的尊重与继承。这种历史价值,无法用简单的物质财富来衡量,它代表着一种文化深层的力量,是推动社会进步和文化发展的不竭动力。

二、文化遗产的社会价值

乡村文化遗产在乡村社区中的社会价值深远且复杂,它远不只是历史的见证或是过去岁月的残存。乡村的传统文化、风俗习惯、手工艺以及世代相传的生活方式,都在某种程度上塑造了一个地方的独特性格和居民的集体意识。对于居住在这里的乡民而言,文化遗产不仅是历史的见证,更是一种情感的依托和认同的源泉。它通过代代相传的文化符号,建立了一个根植于土地、深刻而坚韧的社区归属感。

这些文化遗产承载着村民的集体记忆和文化身份,往往形成了一个无形的纽带,将不同年代、不同背景的村民紧密连接在一起。每当乡民们围坐在一起,谈论祖辈的故事、流传下来的节庆活动或是传统的技艺时,那种深深的认同感便悄然涌动。这种情感上的依赖和认同,常常成为乡村文化认同的核心。从外部的视角来看,乡村文化遗产是一个地区文明的积淀,是这个地方人们生活智慧和历史经验的体现;从乡民的角度看,它则是维系乡村社会秩序、传递社区价值观的重要载体。

在一个乡村社区中,文化遗产的存在不仅仅表现为物质层面的古老建筑或遗址,更深层的意义体现在它如何影响到人们的日常生活与社会互动。村民们对传统风俗和节庆活动的坚持,是他们集体文化意识的一部分,这种文化惯性在每个乡村的日常中都随处可见。无论是农耕文化中的"春耕祭"、民间艺术中的传统舞蹈,还是手工艺品的制作,它们不仅仅是为了纪念过去,更多的是通过一代代的传承,使得乡村文化不断焕发活力,成为乡村社会运转的重要部分。这些活动在增强村民凝聚力、增进彼此之间的理解与友谊方面起着不可忽视的作用。

乡村文化遗产还具有促进社会和谐的独特功能。在现代社会的快速变迁中,许多乡村面临着人口流失、产业萎缩等问题,而文化遗产则常常成为社区重建与振兴的重要基础。通过对传统文化的重新认知和利用,乡村能够在保留其独特性与文化自信的同时,促进当地经济的复兴与社会的融合。文化遗产中的许多元素,尤其是那些深植于土地、与自然紧密相连的部分,能够帮助社区居民更好地理解和适应现代化进程中的变革。比如，传统的农业节令、地方性手工艺等，既是乡村的文化资产，也是它们与外界沟通的桥梁。通过文化遗产的保护与活化，乡村能够重新找到自信，并在文化的多样性与现代化的融合中寻找到新的发展机遇。

乡村文化遗产还在代际之间起到了重要的纽带作用。文化遗产的传承不仅仅是长辈向年青一代的知识传授，更是在不同代际间建立起一种深厚的情感联结。长辈们通过讲述家族的故事、教导传统的技艺、带领年轻人参与社区活动，把乡村文化的精髓传递给后代。年轻人通过参与这些活动，不仅学习到传统技艺和知识，更能够感受到从这些活动中所传达的乡土情感与历史温度，这种情感的传递，使得乡村社区在面对社会变革时，依然能够保持自身独特的文化气质和情感凝聚力。文化遗产在这一过程中，成为连接过去与未来、不同代际之间的重要纽带。

第二节　传统村落建筑与景观设计

一、传统建筑的保护策略

传统建筑的保护是文化遗产保护工作中的一项重要任务，尤其在面对现代化进程和城市化快速发展的背景下，如何在保护传统建筑原貌的同时，又能满足当代生活需求，成了一个亟待解决的问题。传统村落建筑作为地方文化、历史和工艺的载体，不仅仅是居住空间，它们还承载着民族的记忆和历史的印记，因此保护工作具有极为重要的意义。

要实现对传统建筑的有效保护，必须对这些建筑的历史、文化、艺术和结构等方面进行系统的调研和评估。每一座传统建筑背后都有其独特的文化背景和历史价值，保护工作不能一概而论，而应当结合其所处的地理、社会、历史背景进行具体分析。对传统建筑的保护不仅仅是对物理形态的保护，更应包括对其文化内涵和社会功能的保留。因此，传统建筑的保护策略应当全面深入，不仅要从物质层面出发，还要注重其精神和文化价值的传承。

随着时代的发展，现代化的浪潮不断冲击着传统建筑的生存空间，许多地方由于过度开发，建筑风貌被严重破坏，甚至一些原本具备历史价值的传统建筑已面目全非。为了避免这一局面,保护的首要任务就是制止盲目开发和不加区分的现代化改造。在具体操作中,应通过法规和政策的制定,建立严格的审批制度,对涉及传统建筑的改建、拆迁等项目进行严格的审查。政府应制定相应的法律法规,规定哪些区域和建筑属于保护范畴,设立不可拆除或改动的历史文化保护区,对违反规定的行为进行处罚。这不仅是对传统建筑本身的保护,也是对整个文化遗产的一种保护。

保护传统建筑的另一项重要策略是增强公众和地方居民对传统建筑的认同感和保护意识。在许多地方,传统建筑的价值和意义未必能够得到充分的理解,甚至一些地方的居民对于维护传统建筑缺乏足够的关注和意识。通过教育和宣传活动,向居民普及传统建筑的历史文化意义,能够增强人们的保护意识,让他们明白这些建筑不仅仅是过去的遗物,更是他们生活的一部分,是他们文化身份的体现。因此,地方政府和相关文化保护机构可以开展一系列的公共教育活动,组织展览、讲座和培训,介绍传统建筑的保护技术和意义,使更多的人能够参与到保护工作中来。此外,传统建筑的保护还应当考虑到其实际使用功能的问题。很多传统建筑由于缺乏现代化的设施和安全标准,往往面临着被淘汰的风险。为了避免这一点,可以在不改变其原貌的前提下进行适度的修缮和更新。例如,适当补充现代化的基础设施,使其在不破坏整体风貌的情况下更加适应当代的生活需求。对于一些功能性较差或不适用的部分,可以采取修复而非完全重建的方式,使建筑保持其历史面貌和独特风格的同时,又能够具备现代居住或使用的条件。这样既能保障建筑的使用功能,又能避免过度改造对历史风貌的破坏。

保护传统建筑还需要对技术手段进行合理运用,采用一些现代科技手段进行修复和加固工作。对于一些已经受损的传统建筑,传统的修复技术可能无法满足其保护需求。在这种情况下,可以利用现代科技手段,如三维扫描、数字建模等技术,对建筑进行详细记录,并通过现代修复技术进行修缮。虽然这些技术手段有助于建筑的保护,但仍需注意,技术的使用必须遵循原貌保护的原则,避免过度的人工干预。科技的介入应该是辅助性的,而不是主导性的,以确保建筑的历史价值得到最大程度的保留。

二、景观设计的生态理念

在传统村落的景观设计中融入生态理念，是对现代化进程中的自然环境保护和可持续发展理念的深刻回应。随着城市化进程的加速，传统村落的生态环境遭遇了前所未有的挑战，生态资源的过度开发、环境污染的加剧以及生物多样性的丧失都成为亟待解决的问题。在这样的背景下，景观设计不仅仅是对美学的追求，更多的是对自然环境的保护与恢复，是对人类与自然和谐关系的深刻理解与实践。生态理念的引入不仅有助于改善传统村落的居住环境，还能够提高村民的生活质量，促进生态文明建设。

传统村落的景观设计在面对生态问题时，不能单纯依赖单一的人工构建，而是需要深入理解当地自然条件，依托土地本身的生态功能，结合村落的文化和历史背景进行设计。这种设计并不是简单地复制大自然，而是在对自然元素的尊重与学习中，发现与之相契合的空间形式与布局。传统村落的地形地貌、植被、水系等自然要素，不仅是景观设计的灵感来源，更是构建生态和谐的基础。在设计中，强调与自然环境的互动，力求通过合理的规划和设计，让人类活动与自然过程有机结合，尽量减少人工设施对生态系统的干扰。

人与自然的和谐共生是生态理念中的核心。传统村落往往与自然环境有着密切的联系，村民的生产和生活活动几乎都依赖于周围的自然资源。然而，现代化进程中的过度开发常常破坏了这种和谐的关系。景观设计通过对自然资源的合理利用和保护，能够有效地减少这种破坏，恢复人与自然之间的平衡。在生态理念的引领下，设计师在对村落景观进行改造时，会优先考虑生态效益，如通过合理的水土保持措施、植被恢复、生态绿化等手段来保护和恢复土地的生态功能。此外，设计还应考虑如何通过建设绿色空间、增加绿地覆盖率、改善水质等方式来促进生态环境的恢复与持续性发展。

传统村落的景观设计不仅关注自然环境的保护，还特别注重生物多样性的维护。生物多样性是生态系统健康的标志，而传统村落的生态景观正是维护和促进生物多样性的重要载体。村落周边的土地、林地、湿地等自然景观，往往是多种生物栖息的地方。景观设计需要对这些生态单元进行综合性考虑，避免因人为改造而破坏生态链，保护现有的生物种群和栖息环境。同时，设计中还可以通过引入适宜的本土植物种类来恢复生态平衡,促进物种的多样性和互利共生的生态系统。

在推动村落可持续发展的过程中,生态景观设计同样发挥着重要的作用。可持续发展意味着不仅要满足当代人的需求,还要保障未来世代的生存与发展。传统村落景观设计若能融入生态理念,就能最大程度地保证村落环境的持久性与自我修复能力。在设计过程中,考虑到水资源的节约利用、土壤的保护、能源的合理使用等各方面的因素,可以大大提升村落生态环境的自我调节能力,减少对外部资源的依赖,增强村落的可持续性。此外,生态景观设计也有助于改善村民的生产生活条件,通过生态农业、绿色建筑等手段,促进农村经济的绿色转型,提升整个村落的可持续发展水平。

通过生态理念的引导,传统村落的景观设计将不仅仅是一个视觉上的呈现,更是对自然、社会、文化等多方面因素的综合考量。这种设计思维强调尊重自然、珍视资源、保护生态,倡导人与自然的和谐共生,是对村落传统文化和自然环境的深刻理解与尊重。它不仅能够恢复和改善自然生态系统,还能够促进村落社会的可持续发展,使得村落不仅是一个居住的地方,更是一个能够与自然和谐共生、能够自我发展的生态系统。这种设计理念的实施,将为传统村落的复兴与发展提供重要的生态支持,推动其向着更加绿色、可持续的未来迈进。

第三节　地方性文化与现代设计结合

一、地方性文化元素的应用

在现代设计中,融入地方性文化元素已成为一种不可忽视的趋势。这种做法不仅仅是对传统文化的单纯再现,更是对地域性、历史和文化背景的深刻理解与尊重。在建筑和空间设计的过程中,地方性文化元素能够帮助构建一种既现代又富有文化内涵的空间,促使建筑在视觉与情感上与周围环境达到和谐的共鸣。通过细致入微的设计手法,传统的图案、材质和色彩能够被赋予新的生命,使建筑在满足现代功能需求的同时,也不失地方特色和文化深度。

地方性文化元素的应用并不意味着对传统元素的简单复制,而是在现代技术和设计理念的支持下,对这些传统文化符号进行再创造。地方的历史、地理、风俗习惯等因素决定了这些文化符号的独特性。不同地区所特有的图案、造型和装饰,蕴含着地方人民的智慧与情感,它们不仅是美学的表达,更是文化的载体。在现代设计中,这些元素通过材料、形态、空间布局等多维度的再加工,能够有效地传达出对地方文化的尊重与理解。这种对文化内涵的传递,使得建筑不仅仅是一个物理空间的构建,更是文化情感的呈现。

材质的选择在地方性文化元素的应用中扮演着重要角色。每一块砖石、每一块木料、每一块瓦片的使用,都可能承载着深厚的地方历史与文化。建筑材料与环境的关系紧密,材质的选取不仅影响建筑的外观效果,也对建筑的功能性、舒适性和可持续性产生深远影响。传统的建筑材料往往具有独特的地方性特征,这些材料在当地的气候、土壤和自然资源的影响下形成了独特的质感与风格。在现代设计中,设计师们通过对这些传统材料的重新诠释与处理,使得它们能够适应现代化的生产工艺与审美需求,同时又不失原有的地方特色。通过对材料的恰当运用,建筑与周围自然环境的关系被巧妙地连接起来,从而呈现出一种天人合一的和谐美感。

色彩在地方性文化元素的应用中同样占据着重要的地位。色彩不仅能够改变空间的视觉感受,更能传达出深刻的情感与象征意义。不同地区的文化和自然环境往往决定了当地建筑的色彩倾向。在传统的建筑中,色彩往往与当地的自然景观、风土人情紧密相关,它们不仅满足了实用性需求,还承载了丰富的文化象征意义。在现代设计中,设计师往往会依据当地的自然环境和历史传统,选取与之契合的色彩,使建筑与环境相协调,同时营造出一种独特的文化氛围。色彩的运用可以巧妙地呼应当地的历史背景与文化特色,使得现代建筑在视觉上与传统文化形成有机的融合。

地方性文化元素的运用不仅仅是为了让建筑更具地方特色,它还承担着更为深远的文化使命。在现代社会,建筑作为人类活动的载体,承担着记录与传承文化的重要责任。地方性文化元素的运用使建筑成为一种文化表达,它不仅表现了某一地区的历史与传统,还折射出人们对生活方式、价值观念的理解与追求。现代建筑中的地方性文化元素,能够帮助建筑与其所在的地域、社区产生紧密的联系,使得建筑成为人们精神生活的一部分，从而提升其文化价值与社会意义。

随着全球化进程的加速，现代建筑风格趋向统一化，地方性文化元素的运用显得尤为重要。它不仅能够抵御文化同质化的趋势，保护和传承地方文化的独特性，还能够在全球化的语境下彰显地方的文化自信和文化身份。地方性文化元素的运用让现代设计具备了一种跨越时空的文化内涵，它通过现代化的设计手法，将传统与当代、地方与全球之间的文化差异巧妙地结合起来，创造出独具特色的建筑空间。

二、文化与现代技术的融合

在当今快速发展的时代，地方文化与现代技术的融合成了一个日益重要的议题。许多地方的建筑和景观设计承载着悠久的历史和丰富的文化内涵，而随着现代技术的不断进步，如何既不失去传统文化的根基，又能充分利用现代技术手段来提升建筑与景观的功能性、舒适性及耐久性，成了设计师们不断探索的方向。对地方文化的理解与尊重是现代设计的重要基础，但现代技术的引入，不仅仅是对传统文化的一种挑战，更是对其创新性表达的契机。

地方文化往往体现于建筑的形态、材料、空间布局以及细节装饰等方面。这些元素中有着浓厚的地域特色，传递着民族和地方历史的记忆。然而，随着现代生活节奏的加快，传统建筑的功能性和耐久性常常无法满足当前社会的需求。例如，许多古老建筑存在着隔热、保温、采光等方面的不足，建筑结构的老化和材料的磨损也导致了其安全性和使用寿命的下降。对此，现代设计技术提供了新的解决方案。一方面，现代建筑技术通过高效的能量利用和空间布局，可以为传统建筑带来更加优化的居住体验；另一方面，新的建筑材料和施工工艺，也能够帮助提升建筑的结构安全性和抗老化能力。

为了在保护传统文化的同时实现现代功能的提升，设计师们开始尝试将地方传统建筑材料与现代技术相结合。传统材料如木材、石材、陶土等具有极强的地方性和文化象征意义，而现代技术可以通过改良这些材料的性能，使其更符合现代建筑的需求。例如，传统的木材在保温、隔热方面通常存在局限，但现代科技可以通过防腐处理、纳米技术的应用，提升木材的耐久性和环境适应性；石材和砖瓦等传统材料也可以通过表面处理和高科技加固技术，增强其防水、防火等功能，从而满足现代建筑对于材料高标准的要求。

在建筑设计的过程中，现代技术不仅能够帮助提升建筑物的物理性能，还可以通过数字化手段优化空间布局。借助建筑信息模型（BIM）技术，设计师能够更加精确地模拟建筑的结构、功能和各类条件下的表现，从而提前发现潜在问题，减少施工中的误差和浪费。这种技术的应用不仅让建筑更符合现代的需求，也使得传统建筑的改造更加精细化和科学化。例如，在一些历史悠久的建筑改造项目中，BIM 技术可以帮助设计师在保护原有结构和外观的基础上，合理布局现代功能区域，使其既保留了文化遗产的韵味，又具备了现代生活的便利性。

除了建筑本身，景观设计也同样面临着传统与现代技术的碰撞。在传统园林景观中，植物的配置和水体的布局往往讲究自然的和谐与诗意的表现，而现代技术的发展使得景观设计不仅仅局限于自然元素的再现，还可以引入更多的科技感和互动性。例如，利用先进的智能控制技术，可以在公共空间中实现对景观照明、灌溉系统和气候调节等方面的智能管理；通过大数据和传感技术，景观设计师可以根据环境变化，实时调节景观元素的表现方式，提升人们的体验感和互动性。

然而，技术与文化的结合并不是一味地强调现代科技的使用，而是要通过对地方文化的深入理解，找到现代技术与传统元素的契合点。这种融合需要设计师具备敏锐的文化洞察力和技术创新能力，能够在尊重传统的基础上，采用适当的技术手段进行创新。每个地区的文化背景和自然环境都有其独特的特点，设计师需要通过细致的调研，了解当地的历史传承、民俗风情和自然资源，才能在现代设计中准确地传递地方文化的精髓。与此同时，现代技术的引入，也应考虑到其与传统文化的和谐共生，而不是将其强加于传统建筑和景观之上。

文化与技术的融合，是一种相互借力、共同发展的过程。现代技术为传统建筑与景观提供了新的生命力，而地方文化则赋予了现代设计独特的情感和价值。通过这种跨越时代的结合，既能够保护和传承珍贵的文化遗产，又能够满足现代社会对于建筑功能和景观环境的需求，最终实现文化的延续和创新，让传统与现代在同一个空间中和谐共生，彼此成就。

第四节　文化创新与传承机制建设

一、文化保护与传承的政策支持

在当今社会，文化的保护与传承不仅仅是对历史遗产的尊重，也是对民族精神的继承。随着现代化进程的加速，许多传统文化和乡土特色逐渐被城市化进程所侵蚀。为了避免这些文化精髓的消失，政府和地方机构在文化保护方面的政策支持显得尤为重要。这种支持不仅仅是财政投入或物质奖励，它更多地体现在建立和完善相关政策体系，以确保文化遗产能够在当代社会中生根发芽，并在未来继续发扬光大。

在国家层面，文化保护与传承的政策支持常常表现为国家对于非物质文化遗产的重视。近年来国家出台了一系列文化政策，以确保传统文化的保护。例如，国家对于非物质文化遗产的保护工作已经从单纯的遗产认定扩展到更加深入的传承和弘扬机制，涵盖了民间艺术、传统技艺、地方性节庆等多个方面。同时，国家还加强了文化遗产的普及教育，通过多样化的传播方式，将传统文化的知识普及给更广泛的公众，尤其是年青一代。这样，文化的传承不仅仅依赖于传统的师承方式，更通过现代的手段，让更多人了解并参与其中。

地方政府在文化保护与传承中的作用同样不可忽视。地方政府往往更贴近当地的民众和文化特色，它们可以根据当地的实际情况制定出符合本地实际的政策，保护具有地方特色的文化遗产。乡村文化的保护，尤其是在许多资源相对匮乏的地区，往往需要地方政府更加精准和有效的支持。例如，很多地方政府通过创建文化传承基地、非遗博物馆等方式，不仅保护了文化遗产本身，还将其转化为当地经济发展的一个亮点。这些文化场所不仅吸引游客，也成为当地居民文化自信的体现。

为了加大乡村文化保护力度，政府还鼓励民间力量参与文化的传承工作，特别是在一些具有浓厚地方特色的传统工艺和文化形式上，政府往往鼓励有志之士进行创新性保护。这种政策支持能够激发地方文化的内生动力，激励当地社区在保护和传承自己文化的同时，也能够自觉承担起文化保护的责任。政府在这一过程中通过制定相关的资金支持、税收优惠、人才引进等政策，确保乡村地区能够在现代化的冲击中保留自己的文化根脉。此外，随着乡村振兴战略的推进，文化保护与传承逐渐被纳入农村经济社会发展的一部分。乡村文化的保护不再是单纯的文化保护，更是实现乡村振兴的重要组成部分。政府将文化产业与乡村振兴结合起来，推动乡村文化旅游、传统手工艺和文化创意产业的融合发展，通过多元化的方式推动乡村文化的现代转型。这种结合不仅有助于乡村地区的经济发展，也使得文化传承和创新得以同步进行，形成一个良性循环。

政府在文化保护方面的政策支持也表现在对传统节庆和民俗活动的保护上。很多传统节庆和民俗活动是乡村文化的重要载体，它们不仅是当地人情感和历史记忆的延续，也是乡村文化活力的重要体现。地方政府通过组织传统节庆活动，激发当地居民的文化认同感，同时通过举办各类文化展示、艺术节等活动，增加社会大众对传统文化的关注和认同。此外，政府还通过对传统节庆活动的资金扶持、平台搭建等手段，确保这些文化活动能够持续、健康地发展。

二、社区参与与传承机制

社区参与与传承机制的建设，体现了文化遗产保护工作中对地方社会主体角色的高度重视。在现代社会的变迁中，传统文化常常面临着渐行渐远的危险。为了防止这一现象的加剧，必须通过有效的方式让社区成员重新认识、接纳并积极参与到文化传承的过程中。通过这种参与，能够在社区内部形成一种自觉的文化责任感与认同感，进而构建一个以社区为主体、以民众为参与者的文化遗产保护和传承机制。

文化遗产的传承不仅仅是政府或外部机构的任务，更是与当地社区紧密相连的事业。村民作为最直接的文化传递者和受益者，其对文化遗产的理解和情感投入至关重要。社区成员对文化遗产的认同感和责任感，是推动文化持续发展的动力之一。如果没有社区的参与，文化遗产的传承就会失去生命力，也无法在现代化进程中找到适应的空间。因此，通过组织村民参与文化遗产的保护和传承活动，能够有效调动他们的积极性，使他们成为文化传承的主力军。

社区参与的形式可以是多种多样的，关键在于能否在这些形式中激发起村民对传统文化的兴趣与热情。通过文化节庆、手工艺传授、传统技艺展示等形式，能够让村民在日常生活中接触文化遗产的实际内容，并在亲身参与中形成对传统文化的亲近感。与此同时，村民通过实际的参与，能够深入理解文化遗产的价值及其保护的紧迫性，逐步培养出一种责任感，认为这些文化遗产不仅是过去的遗产，更是属于他们自己、属于下一代的财富。

在这个过程中，社区成员之间的互动也起到了至关重要的作用。通过相互间的文化交流和经验分享，村民能够在集体讨论与共同学习中深化对传统文化的理解。与此同时，这样的互动还能够促进不同年龄段、不同背景的村民之间的沟通和协作，为文化传承注入新的活力。

形成社区主导的文化传承机制，离不开对社区结构和组织方式的精心设计。可以通过建立文化传承委员会、文化志愿者团队等形式，将社区中有经验、有责任感的成员组织起来，形成一支稳定的文化传承队伍。这支队伍不仅可以在文化活动的策划和实施上发挥作用，还能够在日常生活中担当起文化守护者的角色。他们通过定期的文化活动和传承教育，让传统文化成为社区生活的一部分，不断强化村民对这些文化元素的感知与认同。

这种机制的优势不仅体现在文化遗产的传承上，还能进一步推动社区整体的文化自觉和社会凝聚力。在文化传承的过程中，村民们会更加重视自身文化的独特性和宝贵性，增强了对家乡、对传统的情感纽带。这种文化认同感能够使他们在面对外部文化的冲击时，保持自己的文化独立性，抵御文化同质化的风险。而且，当村民们意识到文化传承不仅是一项社会责任，更是一项能够带来经济与社会效益的事业时，他们会更积极地投入到这项工作中，推动文化产业和生态的良性发展。

通过构建以社区为主导的文化传承机制，还能够为当地的文化创意产业、旅游业等发展领域提供新的动力源泉。当地的文化特色不仅能够吸引外来游客的目光，也能够通过创意产品的形式走向市场，进而提升当地的经济水平。因此，文化传承不仅仅是守护传统，它也有着深远的现实意义和发展潜力。而这种现实意义和潜力的实现，正是依靠社区成员的共同参与和不懈努力。

通过增强社区成员的文化责任感和认同感，形成以社区为主导的文化传承机制，文化遗产不仅能够在当地得以保护和传承，更能够在现代社会的语境中焕发出新的生命力。社区的积极参与，使得文化遗产的保护不再是外部力量的单方面干预，而是通过内生的动力，形成可持续的文化传承体系。这一机制的成功，不仅有助于文化的延续，也为其他地区提供了可借鉴的经验，展示了文化遗产保护与社区建设之间的紧密联系。

第九章　智慧乡村与数字技术应用

数字技术正在深刻改变乡村发展的格局，智慧乡村建设成为乡村振兴的创新驱动力。本章将深入探讨智慧乡村的概念与框架，研究信息技术在乡村规划中的应用，分析数字化管理平台与数据共享的实现路径，以及未来技术在乡村发展的趋势。随着5G、大数据、人工智能等技术的快速发展，乡村振兴进入了数字化时代。如何利用数字技术提升乡村治理、产业发展、公共服务等领域的效率，是智慧乡村建设的重要课题。本章将为读者呈现智慧乡村建设的理论基础与应用实践，推动乡村发展进入全新的数字化阶段。

第一节　智慧乡村建设的概念与框架

一、智慧乡村的定义

智慧乡村的概念可以理解为一种融合信息技术、互联网、大数据、物联网、云计算等现代科技手段的创新模式，旨在通过技术手段提升乡村各个方面的管理水平和居民的生活质量。它不仅仅是技术的应用，更是一种通过现代化手段对乡村进行全方位智能化改造的系统工程。智慧乡村的核心是要利用信息化的工具打破传统乡村治理中资源分散、信息不对称、基础设施薄弱等问题，从而提升农村的生产效率、生活质量、社会服务和环境治理等多方面的水平。

在智慧乡村的构建过程中，信息技术的深度应用贯穿整个过程。无论是基础设施建设，还是社会治理、农业生产、教育医疗、环境保护，甚至是农民的日常生活，信息技术都能在其中扮演至关重要的角色。通过高效的信息网络，将乡村各类资源整合在一起，形成一个高效、智能、互联的生态系统。例如，农业生产环节可以通过智能设备和传感器采集土地、气候、作物生长等多方面的数据信息，分析和预测作物的生长状态和病虫害的风险，帮助农民作出更科学的决策，从而提高产量和质量。同时，智慧乡村还能够通过智能化的物流系统，优化农产品的运输和销售链条，减少中间环节的成本，提升农民的收入。

智慧乡村的意义不仅仅体现在产业层面的提升，它对乡村治理的改革同样具有深远的影响。在传统的乡村治理模式中，信息的流通通常存在滞后性和不透明性，政府和村民之间往往缺乏有效的沟通渠道，而这恰恰是影响治理效果的关键因素之一。智慧乡村的建设能够通过数字化手段打破信息壁垒，提升政府的服务效率和透明度，使村民能够及时了解到各种政策、资源的分配情况以及政府的工作进展，增强乡村居民的参与感和认同感。同时，智慧乡村还能够通过智能化的监控和预警系统，提升村庄安全管理和环境治理的效率，减少自然灾害、公共卫生事件等突发情况对乡村的影响。

随着智慧乡村的发展，居民的生活质量也会得到显著提高。在智慧乡村的建设过程中，信息化不仅仅是农业和治理层面的工具，它同样能带来更加便捷的教育、医疗、文化等社会服务。例如，智能化的远程教育和在线学习平台能够打破地域的限制，让乡村的孩子也能享受到优质的教育资源。而远程医疗服务则能够让偏远地区的居民通过网络平台，获得专家的医疗建议，解决了传统乡村医疗资源匮乏的问题。智慧乡村的建设，不仅仅是物质层面的改造，更是在精神和文化层面的提升，它让乡村居民能够享受到与城市居民相当的生活条件和社会服务。

在推动智慧乡村建设的过程中，还需要特别关注数字鸿沟的问题。随着信息技术的普及，虽然大多数乡村地区开始受益于现代化的科技成果，但仍然存在一些数字化程度较低的地方，这些地区的基础设施建设和技术支持还未完全跟上，导致一些乡村居民在享受智慧乡村带来的便利时，可能会面临技术使用难度和信息获取不平等的困境。因此，智慧乡村的发展不仅要关注技术本身的引入和应用，更要考虑到如何通过普及数字技能、加大基础设施投入等方式，让所有乡村居民都能平等地享受这一技术红利。

二、智慧乡村的总体框架

智慧乡村建设作为推动乡村振兴战略的重要组成部分，正在逐渐成为乡村发展的新动能。其总体框架涵盖了多个方面,涵盖了数字乡村规划、智慧农业、农村公共服务的数字化转型以及环境保护等多个领域,旨在通过现代信息技术与乡村发展的深度融合,推动乡村的全面发展和可持续增长。智慧乡村的建设,不仅仅是物质基础设施的提升,更是对乡村治理方式、社会生活方式以及生态环境的全面改造与提升。

在数字乡村规划方面,智慧乡村的核心是通过先进的信息技术手段,打破传统乡村的时空限制,实现数据的共享和流通。这一规划要建设完善的基础设施,如5G网络、物联网、大数据中心等基础设施的布置,确保信息能够高效传递并实现数据互联互通。乡村的网络覆盖需要从根本上提升,确保信息化资源能够真正触及到乡村的每一个角落。数字乡村的建设不仅仅是为了提供更好的信息服务,更是为了实现城乡之间信息流通的平衡,缩小数字鸿沟,提升乡村居民的生活质量与社会参与度。

智慧农业的发展是智慧乡村建设的核心内容之一,农业作为乡村经济的支柱,其转型升级直接影响到乡村的未来发展。智慧农业通过数字技术的引入,不仅能够提高农业生产的效率和效益,还能促进农业的绿色发展。利用大数据、云计算、人工智能等技术,智慧农业可以实现精准化的农田管理、作物生长监测、智能化的农业生产决策支持等。农民通过这些技术手段,能够更科学地进行农业生产,减少对自然资源的浪费,增加产值,同时提高农产品的质量,推动农业产业的转型升级。

随着数字技术的不断发展,农村公共服务的数字化变得尤为重要。智慧乡村不仅需要为乡村居民提供更好的基础服务,更要通过数字化手段提升公共服务的效率和质量。教育、医疗、社会保障等公共服务的数字化,是智慧乡村建设不可或缺的一部分。通过在线教育平台和远程医疗服务,乡村居民不再受限于传统的资源配置,可以通过互联网实现跨区域的教育和医疗资源共享。智慧医疗系统可以通过智能诊断设备和远程医疗平台,解决偏远地区医疗资源匮乏的问题,让乡村居民享受到更高效、更便捷的医疗服务。而在社会保障方面,数字化的系统能够提供更为精准的管理和服务,使得农民的社会保障权益得到更好保障。通过数字平台,农民可以实时查询和管理个人社会保障情况,提升了社会管理的效率。

环境保护是智慧乡村建设中的另一个重要组成部分。在乡村发展过程中,生态环境的保护和修复是不可忽视的议题。智慧乡村通过智能化的手段进行环境监测和治理,能够实现精准的资源管理和生态保护。利用物联网技术,环境监测系统能够实时监控空气质量、水质、土壤质量等自然资源的状况,及时发现污染源并采取相应的应对措施。此外,智慧乡村的环境治理也可以通过大数据分析进行优化,针对不同地区的环境问题,采取不同的应对策略,提高治理的精准度和效率。智慧乡村还通过推广绿色农业、绿色能源等可持续发展模式,推动农村经济与生态环境的双赢。

在此基础上,智慧乡村的建设离不开政府、企业与社会各界的共同参与。政府需要提供政策支持和资金保障,为智慧乡村的建设创造有利条件。同时,企业的技术支持和创新也是智慧乡村得以发展的关键。信息技术公司、农业企业、环保企业等应积极参与到智慧乡村的各项建设当中,提供先进的技术和解决方案。而社会各界的参与,则是智慧乡村建设得以成功的社会基础。通过加强宣传教育,提升农民的信息素养和技术能力,让乡村居民主动参与到智慧乡村的建设与发展中来,增强其获得感与幸福感。

第二节　信息技术在乡村规划中的应用

一、空间信息技术的应用

随着科技的不断进步,空间信息技术在各行各业的应用日益广泛,特别是在乡村地区的发展中,地理信息系统(GIS)和遥感技术(RS)为科学规划提供了强有力的数据支持。在乡村建设和发展过程中,合理利用这些技术能够帮助相关部门更加精准地了解乡村区域的地理环境、资源分布、土地使用情况以及基础设施的分布等,从而为决策者提供全面、客观的参考依据。这些技术不仅提高了规划的科学性和精确度,也能够为乡村振兴战略的实施提供有效的指导。

通过 GIS 技术,乡村区域的空间数据可以被准确地采集、存储、管理、分析和可视化,帮助决策者全面了解乡村的地理环境特征。这些数据不仅包括土地的利用现状、地形地貌、气候条件、生态环境等自然因素,还涵盖了人口分布、交通网络、公共服务设施等社会经济因素。通过对这些数据的深度分析,GIS 技术能够揭示出不同区域之间的空间关系和发展潜力,为乡村发展方向的制定提供科学依据。例如,在进行土地利用规划时,GIS 可以精确地标出各类土地资源的空间分布情况,并分析其利用现状及潜力,为农业、产业、居住等不同功能区的划分提供基础。

遥感技术则通过卫星或航空影像对地表进行监测,为乡村区域的土地利用变化、环境质量、灾害评估等提供及时、全面的信息支持。遥感影像能够清晰地反映出乡村地区的土地覆盖变化、植被状况、土壤质量等,帮助有关部门及时掌握区域内的生态环境变化趋势。尤其是在大规模农业开发、生态保护、灾后重建等方面,遥感技术的应用能够提供高效、低成本的数据获取手段,避免传统人工调查的局限性和误差。例如,在进行灾害评估时,遥感影像可以在极短的时间内提供灾区的详细影像,帮助决策者迅速了解灾害的范围和损失情况,从而制定出合理的应急救援和重建措施。

通过将 GIS 与遥感技术结合,乡村区域的空间分析能力得到了极大的提升。这种结合能够将遥感技术提供的大尺度、动态监测数据与 GIS 技术的空间数据管理和分析功能相结合,形成一个完整的信息体系,帮助地方政府在土地资源管理、城乡规划、生态保护等方面做出更加精准的决策。在乡村振兴战略实施过程中,这一技术体系的应用也能帮助政府更加有效地进行资源配置,合理规划基础设施建设,优化产业布局。此外,空间信息技术还能够为乡村的可持续发展提供强有力的支持。通过对乡村区域的环境监测,GIS 与遥感技术能够为环境保护和生态恢复提供重要的数据保障。在农业发展方面,通过空间分析可以优化土地的种植结构和耕作方式,提升土地的利用效率,减少资源浪费。同时,这些技术还能够对水资源、土壤质量等进行实时监控,为农业灌溉和农田管理提供科学依据,从而实现农业的精准化和高效化。

乡村地区的发展离不开基础设施的建设,空间信息技术能够帮助规划人员科学规划交通、能源、通信等设施,确保各项资源能够合理分布,提高乡村居民的生活质量。通过 GIS 技术,可以实现对交通网络的优化设计,避免资源的重复建设和浪费,提高交通运输的效率。在水利设施、能源供应等领域,遥感技术和 GIS 的结合也能够有效识别区域内的薄弱环节,进行有针对性的改善和提升。

二、大数据分析技术

大数据分析技术在乡村发展的应用逐渐成为推动乡村振兴战略的核心驱动力之一。乡村作为中国社会的重要组成部分,其发展面临着诸多挑战和机遇。随着信息技术的快速发展,尤其是大数据技术的普及与应用,乡村能够通过精确的数据采集和分析,获得更加清晰和科学的发展路径。大数据分析技术不仅能够帮助乡村识别当前面临的问题,还能为未来的规划与政策制定提供可靠依据,从而优化资源配置,推动乡村经济、社会、文化等各个方面的协调发展。

大数据分析技术的核心在于数据的广泛采集和深入挖掘。乡村发展的数据来源丰富多样,包括人口数据、土地使用数据、农业生产数据、基础设施建设数据、教育医疗资源分布等各类信息。通过智能传感器、卫星遥感技术、互联网平台等手段,能够全面收集乡村的各类数据。这些数据通常呈现出庞大的体量和多样化的特点,具有高维度、高速性和高精度等特点。将这些数据通过科学的技术手段加以分析处理,可以揭示乡村各方面的现状,甚至预见潜在的发展趋势。大数据分析技术使得对这些数据的处理变得更加高效,不仅能够实现实时数据更新,还能实现复杂数据之间的关联性分析,进而得出有效的决策支持。

在乡村发展中,最为关键的是如何根据数据的分析结果进行科学的规划与政策制定。大数据技术能够帮助政府和相关部门全面了解乡村发展的需求,明确发展重点和方向。通过对乡村经济的结构分析,可以发现哪些行业和领域具有较高的增长潜力,哪些地方面临着资源短缺或经济发展滞后的问题。比如,农业生产数据的分析能够帮助识别某些农作物的产量变化趋势,进而指导农民根据市场需求和气候条件调整种植计划。同时,基础设施建设的状况通过数据分析也能得到及时反馈,这为政府在道路、水利、电力等基础设施的建设和优化提供了科学依据,确保资源的高效利用。不仅如此,大数据分析技术还能够从社会层面提供有力支持。通过对人口流动、劳动力市场、教育资源分布等数据的分析,可以揭示乡村在社会发展过程中遇到的问题。比如,人口老龄化、青壮年劳动力流失等现象,往往是影响乡村长期发展的重要因素。通过对这些趋势的早期识别,政府可以制定出更具针对性的政策,吸引人才回流、鼓励创新创业,并通过教育和培训提升乡村劳动力的整体素质。此外,大数据还能帮助政策制定者监测乡村社会的稳定性、居民的幸福感和生活质量等因素，进而推动社会保障体系和公共服务的改进，使得乡村发展更加平衡和可持续。

随着大数据技术的不断进步，其应用范围和深度也在不断扩大。乡村振兴的目标不仅仅是物质上的富裕，更是社会、文化、生态的全面提升。在生态保护方面，通过对环境数据的实时采集与分析，可以及时识别乡村生态环境中的污染源、土地退化等问题，为生态保护和绿色发展提供精准的指导。在文化层面，乡村文化的传承和创新也能通过数据分析得到支持。对乡村文化活动、旅游数据的分析，可以帮助地方政府在保持文化特色的同时，推动乡村旅游业的发展，实现文化和经济的双赢。

三、物联网在农业中的应用

物联网技术在农业中的应用，正在深刻改变农业生产的传统方式，推动农业向高效、精准和可持续的方向发展。过去，农业生产依赖经验、直觉和自然条件的变化，农民对土壤、气候、作物生长的了解常常有限，缺乏科学的管理手段和精准的决策依据。而物联网的出现，通过传感器和智能设备的普及，使得农业的生产过程变得更加数据化、智能化。物联网能够实时监测农业生产过程中各类环境参数，精准收集农田中的各项数据，从而为农业生产提供科学依据，帮助农民作出更加理性、有效的决策。

物联网的核心优势在于通过各类传感器和智能设备，采集大量关于农田的环境数据，如温湿度、土壤成分、光照强度等。这些数据通过无线网络被传输到中央处理系统，经过分析后为农民提供实时反馈。这种基于数据的管理方式，与传统农业经验管理的方式相比，更加精确和高效。通过物联网，农民可以不依赖天气变化和经验判断，直接根据土壤湿度、温度、气候等数据，作出精确的管理决策。随着物联网系统的不断发展，它还能够对作物生长的各个环节进行智能控制，确保作物生长的最佳环境条件。此外，物联网技术使得农业生产过程更加自动化。例如，通过土壤湿度监测，系统能够自动控制灌溉设备的开启和关闭，保障农作物在不同生长阶段所需的水分。这不仅减少了人力劳动的投入，还能够避免因过度灌溉导致的水资源浪费和作物生长不均。物联网技术的引入，使得农业管理从依赖经验的粗放式管理转变为依赖数据驱动的精细化管理，极大地提升了资源利用效率和生产效益。

随着物联网技术的发展，农业管理也实现了精细化和精准化。在传统农业管理中，农田的管理往往较为简单，无法做到细致到每一块土地、每一株作物。而物联网能够通过精准的传感器和数据采集，实时监测农田的各项生产要素，提供精确的反馈。农民可以根据这些信息精确施肥、喷洒农药、调整温湿度等，从而实现精准农业的目标。精准农业不仅有助于提高作物产量，提升农产品质量，还能够减少化肥、农药的使用，降低环境污染，确保农业生产的可持续发展。

物联网的另一个显著优势在于其数据分析的能力。通过传感器长期收集的农业数据，物联网系统能够进行深度分析，帮助农民了解作物在特定环境下的生长规律、产量预测、病虫害趋势等。这种基于历史数据和实时数据的分析，使得农业生产的管理变得更加科学和精确。农民不仅能够根据气候变化、土壤状态等信息做出即时决策，还能够通过数据的历史积累预测未来的生产状况，提前采取相应的预防和调控措施。

随着物联网技术在农业中的深入应用，农业生产逐渐向着智能化、自动化方向发展，这不仅提升了生产效率，也优化了资源配置。在全球资源日益紧张、气候变化日益严峻的背景下，物联网为农业生产提供了有效的解决方案，帮助农民实现绿色可持续发展。在未来，物联网技术将继续在农业中扮演重要角色，不仅提高生产效率，降低资源浪费，还能够增强农业的应对气候变化、自然灾害和市场波动的能力。通过精确的环境监测和智能化管理，农业将进入一个更加可控、可预测的新时代。

第三节　数字化管理平台与数据共享

一、数字化管理平台的建设

随着科技的快速发展，数字技术已经渗透到各行各业，乡村的管理和发展也迎来了数字化转型的机遇。建设数字化管理平台，整合乡村的各类资源、政策和服务,不仅能够提升乡村管理的效率,也为乡村发展注入新的活力。这个平台的建设目标是通过信息化手段,打破传统管理模式中存在的沟通和资源配置障碍,使得乡村的治理更加便捷、智能和精准。

乡村管理涉及的内容十分广泛,包括农业生产、资源调配、基础设施建设、公共服务等多个方面。传统的乡村管理通常依赖人工操作,存在信息传递慢、资源利用效率低、管理透明度不高等问题。而数字化管理平台的建设,则能够通过集成多种信息资源,构建一个覆盖乡村各个领域的综合性平台,使乡村的管理工作能够更加精准地进行。在这样的数字化平台上,乡村的各类信息得以实时更新和共享,政府、村民和服务提供者之间的信息交流也变得更加高效。

建设数字化管理平台,首先需要在技术上做好充分准备。乡村地区的互联网基础设施和信息通信技术相对薄弱,因此平台的设计需要考虑到这一现实情况,采用适应性强、稳定性高的技术框架。这不仅仅是为了保证平台的稳定运行,也是为了应对不同乡村区域在信息技术基础设施上的差异。平台的架构要具备高度的灵活性,以便能够根据不同乡村的需求进行定制和调整,确保平台的普适性和可操作性。

在平台的内容建设上,必须将乡村的资源、政策和服务信息进行系统化的整合。例如,农业生产方面,可以通过平台实现农产品的种植管理、病虫害监测、市场价格波动等信息的实时更新,帮助农民作出科学决策。与此同时,政府出台的各项乡村振兴政策、农业补贴、扶贫措施等,也能够通过平台及时推送给村民和相关部门,使得政策落实更加精准到位。此外,平台还能够整合医疗、教育、交通等公共服务信息,为乡村居民提供便捷的服务查询和预定功能。这些信息的高度集成,使得乡村管理者可以更快地了解资源分布和需求变化,从而作出更加高效的管理决策。

数字化管理平台的建设不仅仅是技术层面的工作,更是一个信息化与智慧化相结合的过程。在平台的运行过程中,借助大数据、人工智能等技术,可以实现对乡村各项数据的深度分析,挖掘出隐藏在数据背后的规律和趋势。例如,通过对农业生产数据的分析,平台可以预测农作物的产量、价格波动,帮助农民调整生产计划,避免产品过剩或价格波动带来的经济损失。同时,平台还可以根据居民的需求和反馈,优化公共服务的提供,提升乡村居民的生活质量。

更重要的是，数字化管理平台能够促进信息的开放和透明，提高乡村治理的公开性和公平性。传统的乡村管理中，信息的流通往往受到时间和空间的制约，管理决策难以实时传递到基层，乡村居民也缺乏足够的渠道参与到决策过程中。而数字化平台的建设，能够通过电子化的方式将乡村管理的各类信息公开化，使得政府部门的政策执行和服务提供更加透明。乡村居民可以通过平台直接获得与自己相关的政策信息和服务指南，及时反馈自己的需求和意见，政府部门则可以根据这些反馈优化管理方式，提升服务质量。这样的信息互动，不仅增高了政府与村民之间的信任，也推动了乡村治理的民主化和智能化。

在平台的建设过程中，还需要注重数据的安全和隐私保护。乡村管理涉及大量的个人信息和社会资源，如何保障这些数据的安全，是平台建设中的一项关键任务。平台应当具备完善的数据加密和安全防护机制，确保信息不被非法篡改或泄露。此外，平台的用户身份认证、权限管理等功能也应当充分考虑到乡村居民的实际需求，确保信息的准确性和合规性。

二、数据共享机制的建立

在当今信息时代，数据成了推动社会进步和经济发展的重要资源。政府部门和企业之间的数据共享机制的建立，已经成为提升行政效能、优化服务、促进创新和提高治理能力的关键手段。要实现这一目标，首先需要打破信息孤岛的局限，通过统一的数据标准和有效的共享机制，将各个部门之间、政府与企业之间的数据进行有效的互联互通，从而形成信息的闭环流通体系，增强数据的利用价值和信息的透明度。

统一的数据标准是数据共享的基础。由于各个部门、不同类型的企业在信息管理和数据存储上存在差异，因此数据格式、数据定义、数据存储方式等方面的不同，使得数据的整合和共享变得复杂。为了实现有效的共享，必须对数据的标准进行统一，确保不同系统之间的数据能够相互识别和流通。这不仅要求政府部门内部协调一致，制定统一的数据标准，还需要跨部门之间的协作，统一数据的命名、定义、格式以及交换协议等，使得不同的部门和机构能够在一个标准化的平台上进行数据交换和共享。统一的数据标准不仅有助于提高数据共享的效率，还能降低因数据格式不兼容所带来的错误和混乱，从而确保数据的准确性和可靠性。此外，数据共享机制的建立不仅限于政府内部，还应当扩展到政府与企业之间的互动。随着数字经济的快速发展，企业对数据的需求越来越强烈，尤其是在大数据、人工智能、物联网等领域的应用日益广泛，企业对各类数据的使用不仅能够提升自身的竞争力，还能为社会经济发展提供更为精确的决策支持。因此，政府在制定数据共享机制时，需要考虑到如何为企业提供更加便捷的公共数据服务，降低企业的数据获取成本，同时保障数据隐私和安全。在这一过程中，政府需要设计合适的法律框架和技术保障措施，明确数据的共享边界和使用规则，确保数据的开放性和安全性能够得到平衡。

在政府部门间，数据共享机制的建立能够提升行政效率和决策水平。各个政府部门在履行职能时，通常会生成大量的数据，如税务数据、社会保障数据、环境监测数据等，这些数据具有极高的参考价值，能够为各级政府制定政策、优化服务、监测社会经济发展状况提供支撑。然而，由于部门之间缺乏有效的数据共享机制，导致信息不对称和重复建设，甚至妨碍了资源的有效配置和决策的科学性。因此，政府需要打破部门壁垒，推动跨部门、跨层级的数据共享和合作，形成全方位的数据流通体系。只有在各部门能够实时共享信息的基础上，政府才能够对社会经济发展进行更加精准的预测和决策，提升公共服务的响应速度和质量。

然而，数据共享的推进并非一蹴而就。它不仅需要政策层面的支持，还需要技术层面的保障。为了确保数据的互联互通，技术平台的建设尤为重要。政府可以借助云计算、大数据、人工智能等先进技术，建立起一个统一的数据交换平台，支持跨部门、跨行业的数据共享。这个平台不仅可以为政府部门提供实时的数据交换服务，还可以为企业提供更为便捷的数据接口和应用工具，使得数据的使用者能够在一个安全、稳定的环境下进行数据的调用和分析。此外，平台还应当具备高效的数据存储、数据处理和数据安全保障能力，确保共享的数据在流通过程中不会遭遇泄露、篡改或丢失。

在数据共享过程中，隐私保护和数据安全问题也需要得到足够的重视。随着个人信息保护法规的不断完善，数据隐私问题越来越受到公众关注。为了避免数据共享过程中对公民个人隐私的侵犯，政府在制定数据共享政策时，必须充分考虑数据安全的要求，采取有效的技术手段和法律措施保护数据的安全性。比如，通过数据加密、匿名化处理、访问权限控制等手段，确保只有授权的人员才能访问敏感数据。此外，政府还应当制定严格的数据使用规范，明确数据共享的范围和使用目的，防止数据滥用。

第四节　未来乡村发展中的技术趋势

一、人工智能在农业的应用

人工智能在农业中的应用已经成为推动行业变革的重要力量，并且随着技术的不断发展，这种变革还将愈加深刻。随着全球人口的持续增长和资源的日益紧张，传统农业面临着许多挑战，诸如劳动力不足、气候变化、土地资源匮乏以及生产效率低下等问题。在这样的背景下，人工智能的介入无疑为农业提供了一种新的解决思路。通过智能化手段，人工智能不仅能够帮助农民提高生产效率，还能优化资源配置，实现农业生产的可持续发展。

人工智能技术可以通过数据分析和机器学习，使农业生产过程更加精准和高效。农田中所需的气候、土壤、水源等多种因素，都可以通过传感器和智能设备实时监测，从而提供更精确的作物生长数据。这些数据通过人工智能的分析，可以为农民提供更加个性化的种植建议，使其在种植、灌溉、施肥等方面的决策更加科学。例如，在精确农业中，农民可以利用智能传感器检测土壤湿度、养分含量以及气象变化，结合大数据分析，调整灌溉和施肥量，从而减少资源浪费，提高作物产量。另外，人工智能还能够通过自动化设备实现农业生产的无人化操作。这种智能化设备，包括无人机、自动化播种机、机器人等，能够代替人工进行作物的播种、施肥、喷药等任务。这些设备能够通过视觉识别、导航系统和传感器进行高精度操作，大大降低了人工成本，提高了工作效率。特别是在一些偏远地区或人力资源匮乏的地方，智能化设备的应用不仅弥补了劳动力短缺的问题，还能够在减少人工错误的同时，提升工作效率，确保农业生产的稳定性。不仅如此，人工智能还可以通过机器学习模型对作物生长的不同阶段进行预测，帮助农民合理安排作物的种植和收获周期,减少浪费,避免过度种植或错过最佳收获时机。这种基于大数据分析和人工智能算法的精准预测,将使农业生产更加灵活和高效。特别是在面临气候变化等不确定性因素时,人工智能能够实时分析气象数据并做出及时的调整,帮助农民应对天气变化带来的挑战。通过这种智能决策系统,农民不仅能够在短期内提高生产效率,还能在长期内降低风险,确保农业的可持续性。

除了直接影响农业生产的各个环节,人工智能还在农业管理和供应链优化中发挥着重要作用。通过智能化的管理系统,农场主能够实现对农业生产全过程的实时监控和管理。人工智能的运用可以帮助农场主掌握作物生长、病虫害情况、收成预测等关键信息,从而作出更加精确的决策,提高农业管理的效率。供应链方面,人工智能通过对市场需求、物流路线、生产状况等数据的分析,可以帮助农民和企业优化库存和运输计划,减少浪费和损耗,提高农业产品的市场竞争力。

在农业种植之外,人工智能同样对农业养殖产生了深远的影响。通过智能监控系统和人工智能算法,养殖场主能够实时监测动物的健康状况、饲料消耗情况以及生长速度等数据,并根据这些信息制订个性化的养殖方案,减少疾病传播和死亡率,优化饲养管理,提高养殖效益。人工智能还能够预测动物的疾病风险,提前采取预防措施,避免大规模疫情的暴发,从而保障食品安全。

人工智能技术在农业中的广泛应用,不仅提高了生产效率,还促进了农业产业的升级和转型。通过智能化、自动化手段,农业生产逐步向高效、绿色、可持续的方向发展。虽然目前人工智能在农业中的应用仍处于不断探索和发展阶段,但其巨大的潜力已经显现,未来,随着技术的成熟和普及,人工智能将深刻改变农业的生产方式和管理模式,实现农业从劳动密集型向技术密集型的转变,推动农业向更加现代化、智能化的方向发展。

二、区块链技术在乡村治理中的应用

区块链技术在乡村治理中的应用,得益于其去中心化的特性,它能够通过去除中介机构,直接实现信息的存储和交换。这种技术的透明性和安全性使得乡村治理在进行信息流通和管理时,可以避免人为干预和数据篡改,增强了乡村治理的公正性与信任度。乡村治理涉及的各类事务,无论是土地使用、扶贫资金分配,还是基础设施建设，都需要多方合作和信息共享。通过区块链技术，将所有相关信息上链，形成不可篡改的记录，不仅保证了信息的真实性，还能够使得各方在信息上进行实时监督，避免了信息不对称和腐败的滋生。

区块链技术的去中心化特性使得乡村治理中的信息不再依赖于单一的管理机构，这有助于提高治理效率，减少行政成本。在传统的乡村管理模式中，往往需要通过各种行政程序和中介机构来传递信息和执行任务，这不仅耗时且容易导致信息失真。区块链的智能合约功能能够自动执行事先设定的规则和任务，减少了人为操作的干预，提升了事务处理的速度和准确性。特别是在一些基础设施建设项目中，使用区块链可以对工程进度、资金流向等进行实时追踪，确保每一项资金的使用都能公开透明，避免了资金挪用和腐败现象。

区块链技术的另一个显著优势是其不可篡改性。在乡村治理的过程中，数据的真实性和完整性是决定管理效果的重要因素。传统的信息存储方式往往容易受到人为因素的干扰，尤其是在一些关键的治理环节，虚假信息和不实数据的存在往往影响了政策的有效性和执行力。而区块链的去中心化分布式账本技术，能够使得所有信息记录都在多个节点上进行备份，且一旦信息被写入区块链，就无法被修改或删除，这为乡村治理提供了强有力的保障，确保了信息的真实性和准确性。此外，区块链技术在提升乡村治理的信任度方面，发挥了不可忽视的作用。在传统的治理模式下，村民和政府之间的信任常常是一个问题，尤其是在资金分配和公共事务的管理中，缺乏透明度和有效监管容易导致不信任和不满。而区块链提供了一个全程可追溯的平台，所有相关的操作和决策都可以通过区块链进行记录和公开，确保每一笔资金的使用都有迹可循，每一项决策的过程都能被监督。这种透明性极大地提升了村民对治理过程的信任，使得乡村治理能够在更加公开、公正的环境下进行。

区块链技术还可以为乡村治理引入更加高效和灵活的管理方式。例如，在扶贫资金的分配和使用过程中，传统的管理模式可能存在中介层级多、审批程序烦琐等问题。而通过区块链，可以将扶贫资金的流转过程进行数字化，利用智能合约和去中心化的特性，确保资金能够按照既定的规则迅速分配，并且能够实时监控资金的使用情况。这不仅有效减少了资金管理的成本，也确保了扶贫资金的透明性和公平性。

三、5G 技术推动智慧乡村发展

5G 技术的普及正在为智慧乡村的建设注入强大的动力，乡村地区的网络基础设施得到显著提升，带来了前所未有的发展机遇。传统的农村信息化建设一直面临着网络传输速度慢、信号不稳定等问题，而 5G 技术的到来不仅有效解决了这些问题，还为乡村发展提供了全新的技术支持。5G 的高速率、低延迟和广覆盖特点，使得乡村的基础设施建设逐步与城市接轨，远程医疗、在线教育等信息化服务得以顺利实施，进一步缩小了城乡之间的信息鸿沟。

5G 技术为乡村地区的远程医疗提供了强有力的支持。在过去，由于基础设施的滞后，许多乡村地区的居民无法享受到高质量的医疗资源。而 5G 网络的高速率和低延迟使得远程医疗成为可能。医生可以通过高清视频诊断和实时数据传输，远程为患者提供咨询和治疗建议，大大提高了医疗服务的效率和精准度。尤其在偏远地区，5G 技术的应用能够有效缓解医疗资源匮乏的问题，改善乡村居民的健康水平。远程手术、远程监护等技术在 5G 网络的支持下也逐渐走向成熟，医生能够实时监控患者的健康状况，进行必要的干预和调整，极大地提升了乡村医疗体系的服务能力。

除了医疗领域，5G 技术在教育方面的推动作用同样不容忽视。教育资源的分配不均一直是困扰乡村发展的难题，尤其是优质教育资源的短缺，导致乡村学生在知识获取、学习机会等方面与城市学生之间存在较大差距。5G 技术的应用打破了这一局限，通过高速稳定的网络连接，乡村地区的学生可以通过在线教育平台，实时参与远程课堂，接受来自城市名师的授课。无论是直播教学，还是在线互动，5G 的低延迟和大带宽保障了课堂的流畅性和互动性，使得乡村学生可以享受到与城市学生一样的学习体验。5G 技术的应用还促进了教育内容的多样化和个性化，智能教学系统能够根据每个学生的学习情况进行定制化的教学方案，提高学习效率和兴趣。此外，5G 技术为乡村经济发展带来了新的机遇。随着 5G 技术的普及，乡村地区可以更好地利用大数据、云计算和人工智能等技术，实现农业生产的智能化和信息化。通过智能传感器、无人机等设备，农民可以实时监测土地、作物的生长情况，精准调控水肥管理，提高农业生产效率。5G 技术能够实现更高效的数据传输和处理，让农业生产中的各项决策更加科学、精准。与此同时，5G 技术还推动了乡村电商的发展。通过更高速度的网络连接，农民可以更轻松地在电商平台上展示和销售自家的农产品，拓宽销售渠道，增加收入来源。乡村电商的兴起不仅促进了农产品的流通，还推动了当地就业和创业，增强了乡村经济的活力。

5G 技术的普及还推动了智慧城市与智慧乡村之间的协同发展。通过 5G 网络，乡村与城市之间的信息流动更加顺畅，不仅促进了城乡资源的共享，还加强了双方在交通、能源、环境等方面的互联互通。乡村地区可以通过 5G 技术实时获取城市的技术支持和政策引导，借助城市的智慧化管理经验提升本地的基础设施建设。同时，城市可以通过 5G 网络及时掌握乡村的资源信息，实现精准扶贫和资源调配，推动乡村可持续发展。

第十章　规划设计在乡村振兴领域的研究创新与试点应用

乡村振兴作为一个复杂的系统工程，涉及的领域广泛，研究内容也日益丰富。本章将围绕乡村振兴的研究创新与试点应用展开，分析乡村规划师的角色与探索，探讨新型空间布局、产业融合、文化旅游结合等创新模式，并对可持续发展技术与方法进行探讨。

第一节　设置乡村规划师的探索

一、岗位职责的设定

乡村规划师在乡村振兴战略中的角色至关重要。乡村振兴不仅是经济层面的重塑，它还包括社会、文化、生态环境等多方面的综合发展。乡村规划师作为其中的核心力量之一，其主要职责在于通过专业的知识和技术手段，系统地规划、设计和引导乡村的发展方向，以确保乡村振兴能够在持续性与协调性中找到平衡。因此，乡村规划师的岗位职责需要在具体实施过程中不断明确与优化，尤其要适应乡村多元化的需求与复杂的实际环境。

在乡村振兴的实践中，乡村规划师不仅仅是一个单纯的设计者或执行者，更多的是一个统筹者和协调者，他们的工作涉及从政策引导到资源整合、从生态保护到文化传承等各个方面。在这一过程中，乡村规划师的角色定位要求他们深入了解乡村的历史文化、自然环境、社会结构及经济状况，结合现代化的发展理念，提出科学合理的乡村发展规划方案。通过这些方案，不仅要促进经济的高质量增长，还要确保乡村生态的可持续发展以及乡村文化的传承与创新。

乡村振兴的任务十分繁重，涉及土地的合理利用、产业结构的调整、公共设施的完善等多个领域。乡村规划师的职责不再仅仅是依据现有的政策进行规划，而是要通过细致的调研和科学的分析，洞察到乡村发展的潜力与短板。乡村规划师需要与政府、企业、社会组织等多个利益相关方紧密合作，协调各方面的资源，确保规划的可行性与操作性。乡村规划师要有一定的前瞻性，能够根据长远的发展目标，制订出既符合实际又具有创新性的规划方案。另外，乡村规划师还需关注环境保护与生态恢复问题。在乡村振兴的过程中，过度开发与不合理利用自然资源往往会给乡村带来不可逆的生态破坏。因此，乡村规划师需要把生态保护作为一个核心要素融入规划的各个环节，确保发展不以牺牲环境为代价。此外，随着乡村人口老龄化、劳动力外流等问题的加剧，乡村规划师还需考虑到人力资源的合理配置，采取灵活的措施吸引青年人才回流，以保证乡村发展的长久动力。

乡村规划师还需要关注乡村文化的保护与创新。在振兴乡村经济的过程中，许多地方的传统文化和历史遗产面临着被忽视甚至是消失的风险。乡村规划师的责任之一便是要找到传统文化和现代发展之间的平衡点，在提升乡村经济的同时，保持乡土文化的独特性与鲜明性。通过规划设计，乡村规划师不仅要提升乡村的物质面貌，还要注重精神文化生活的丰富，增强当地居民的文化认同感与归属感。

随着乡村振兴战略的推进，乡村规划师还面临着来自政策层面的各种挑战与机遇。乡村振兴需要大量的政策支持，而这些政策的出台往往依赖于对乡村现状的准确评估与科学的规划设计。乡村规划师不仅需要具备专业的规划能力，还需要了解国家及地方政府的政策导向，能在政策框架内为乡村发展提供切实可行的解决方案。通过这些方案，乡村规划师能够为政府提供决策依据，推动乡村发展与政策支持的有效衔接。

乡村规划师在乡村振兴中的岗位职责不仅要求其具备扎实的专业知识和丰富的实践经验，还需要有较强的综合协调能力和系统思维能力。他们的工作影响着乡村振兴的成效，也关乎乡村可持续发展的未来。在这一过程中，乡村规划师应以乡村为本，以人民为本，发挥其专业优势，通过精细的规划和创新的思维，推动乡村经济、社会、文化与生态的全面振兴，走出一条具有中国特色的乡村振兴之路。

二、规划师资质与培训

乡村规划的实施需要一支专业且高素质的规划师队伍,而要确保规划方案的科学性和可操作性,规划师的资质要求和培训体系的建设显得尤为重要。乡村规划不仅仅是设计空间布局,还是涉及土地利用、生态保护、经济发展等多方面的综合性工作,只有具备扎实专业知识、丰富实务经验的规划师才能真正推动乡村振兴的进程。因此,乡村规划师的资质要求应该根据这一行业的实际需求来设定,涵盖理论知识、技能水平和实际操作等多个层面。

在确定乡村规划师的资质要求时,首先需要考虑到规划师应具备一定的教育背景和专业素养。通常,乡村规划师需要拥有城市规划、土地管理、环境科学、建筑学等相关专业的本科及以上学历,并经过系统的职业培训,以确保其具备基础的理论知识和专业技能。其次,乡村规划不仅要求规划师具备较强的技术能力,更需要他们对乡村社会、文化及其发展规律有深入的了解,具备跨学科的综合分析能力。因此,乡村规划师应具备多学科交叉的知识结构,能够从生态、社会、经济等多个角度出发,考虑乡村规划的长远发展。然而,拥有基础教育背景和初步的理论知识还远远不足以胜任乡村规划的实际工作。乡村规划往往面临复杂的地理环境、社会问题以及经济约束,这就要求规划师在实际操作中具备较强的实务能力。为了提升规划师的实务能力,必须制定一套系统的培训体系。乡村规划师的培训体系不仅要覆盖专业技能的提升,还要注重实际工作中的问题解决能力。这包括但不限于政策解读、技术手段的应用、项目管理的能力等。通过定期组织专业培训和实地考察等活动,可以让规划师了解最新的政策和技术动态,掌握乡村振兴过程中遇到的具体问题的解决方法。

培训体系的内容应根据乡村发展的多样性和复杂性进行调整。一方面,乡村规划涉及土地资源的合理利用和生态环境的保护,这就要求规划师深入了解当地的自然环境特点、地质条件以及生态系统等,能够根据不同地区的实际情况进行个性化设计。另一方面,随着乡村振兴战略的实施,规划师还应具备一定的社会学、经济学知识,能够从乡村居民的需求出发,设计出符合当地实际的可行性方案。这要求培训不仅要加强理论学习,还要注重实际案例的分析和实践操作。此外,乡村规划师的培训体系还应注重跨部门、跨领域的合作能力。乡村振兴不仅仅是规划师的任务，涉及政府、企业、农民等多方利益主体的共同参与。规划师需要与不同背景的人员进行合作，协调各方利益，推动规划方案的顺利实施。因此，乡村规划师还应具备一定的沟通协调能力、团队合作精神和项目管理能力。在这一点上，培训体系应加强对规划师管理能力的培养，使其能够在复杂的工作环境中高效组织和协调各项工作。

为了确保培训体系的有效性，还应建立健全考核机制。通过设立考核标准，评估规划师在培训过程中的学习效果和实际能力。考核可以结合理论考试和实操能力的评估，确保培训效果能够转化为实际工作中的能力提升。同时，考核还应具有一定的动态性，根据乡村发展需求的变化及时调整培训内容，使培训始终与行业发展保持同步。

乡村规划的工作需要高度的责任感和使命感，而这也要求规划师不断地更新自己的知识结构和技能。除了定期的培训，乡村规划师还应具备自主学习的能力，能够跟随行业的发展变化，不断提升自己的专业水平。因此，乡村规划师的资质认证和培训体系不仅仅是对从业人员能力的要求，更是乡村振兴战略实施过程中不可或缺的重要保障。通过完善规划师的资质要求和培训体系，可以不断提高乡村规划的质量和水平，为乡村振兴的顺利推进提供强有力的专业支持。

三、试点地区的选定

试点地区的选定是一个至关重要的环节，关系到整体规划是否能够真正落地并产生实效。通过对不同地区进行具体的选择与评估，可以有效地测试规划理念的可操作性和实施效果，从而为未来的推广与普及积累经验。在这个过程中，选择具有代表性的乡村作为试点地区，是确保规划能够顺利实施并达到预期效果的关键步骤。

乡村的选定必须考虑到该地区的社会经济条件与发展潜力。一个具有代表性的乡村，通常是在某些方面有一定发展基础的地方。它可能在资源配置、基础设施、产业发展等方面已经有了一定的基础，这使得规划的实施能在较短的时间内见到成效，同时为其他地区提供借鉴与参考。乡村的发展不应局限于其经济收入的高低，更应关注其内在的资源优势，比如自然景观、人文历史、传统文化等，这些独特的因素能为未来的规划提供丰富的元素和可能性。通过选择那些已经具备一定条件的乡村，能够更好地展示规划师的设计理念与实际操作，从而在实践中检验这些理念的可行性。

在选定试点地区时，还需要考虑到该地区的社会结构及其居民的参与度。乡村的居民是规划实施过程中最为核心的参与者。一个乡村如果能够调动起当地居民的积极性和参与感，那么无论是政策的落地，还是各种规划的细节执行，都将更为顺利。因此，试点地区的选择也应当优先考虑那些社区凝聚力较强、居民具有一定组织能力和自我管理能力的乡村。这样一来，规划的实施不仅仅依赖外部力量的推动，还能在一定程度上借助内部力量的支持和协作。通过这一方式，能够实现自下而上的参与与推动，让规划的实施更加符合当地的实际需求，减少外部干预带来的摩擦与障碍。另外，试点地区的选定还应当注重区域之间的差异性和代表性。这种差异性可能表现为地理位置、文化背景、资源禀赋等方面的不同。通过选择具有代表性的乡村，可以在更广泛的区域范围内进行推广，确保试点的经验和成果具有普适性。尤其是在我国广阔的地域范围内，不同地区的发展状况差异较大，东部沿海地区与西部内陆地区、城市近郊与偏远山区的社会经济环境存在显著差异。因此，试点乡村的选择需要覆盖不同类型、不同发展阶段的乡村，以便更全面地评估规划在多样化背景下的适应性和效果。这不仅能够避免规划过程中因某一类型乡村的特殊性而产生的局限性，也能为更多地方提供适应本地特色的解决方案。

此外，试点地区的选择还要关注到外部支持与政策的配套。在试点实施过程中，除了规划师的设计与引导外，政府和社会各界的支持也是至关重要的。特别是在乡村振兴、绿色发展等领域，政府的政策倾斜、资金支持和技术引导都会对规划的效果产生深远的影响。因此，选定的乡村应当具有一定的政策背景或获得了相关扶持政策的支持，这样在实际操作过程中能最大限度地利用外部资源，实现乡村发展的可持续性。通过这种支持与配合，规划师可以更加专注于具体实施的细节，避免受到政策资源不匹配的制约。

在规划试点地区的选定过程中，还应当注意确保各方利益的平衡。乡村地区的各类资源往往是有限的，因此，在规划实施过程中，可能会涉及土地、资金、劳动力等多方面的利益冲突和协调问题。选择那些已经具备一定社会协商机制、能够合理调配资源的乡村,有助于在实施过程中实现各方利益的平衡,避免出现资源过度集中或资源分配不均等问题。此外,乡村的历史背景和文化特征也需要被尊重和考虑,以免规划设计过于单一,导致当地文化的流失或传统价值观的破坏。因此,选定的试点地区需要具备一定的文化自觉和历史传承意识,这样规划的实施才能更好地促进乡村的现代化与传统文化的和谐共存。

第二节　新型空间布局的探索

一、乡村居住区规划

乡村居住区的规划是推动乡村振兴、改善乡村居民生活质量的重要环节。随着现代化进程的不断推进,乡村的居住环境逐渐成为衡量其发展水平的重要标准之一。为了提高乡村的居住舒适度,必须在规划中充分考虑到环境、功能、交通、设施等多方面的因素,使居住区不仅能满足基本的生活需求,还能创造出宜人的生活氛围。

乡村居住区的规划需要根据乡村的地理位置、气候条件和人口分布等特点进行合理的布局。乡村的自然环境通常较为优美,但由于传统村落规划较为松散,常常存在房屋分布不均、道路狭窄、基础设施不完善等问题。因此,现代乡村居住区规划的首要任务是通过科学合理的布局,消除这些问题,形成功能完善、便利高效的居住空间。居住区内部的住宅建筑应当按照一定的间距进行布置,避免过于拥挤或过度分散,同时考虑到阳光、通风、视野等因素,让每一户居民都能享受到自然环境带来的便利和舒适。

在居住区的规划中,还应特别注重公共服务设施的配置。基础设施的建设关系到居民的日常生活便利性,包括水、电、气、暖、垃圾处理等公共服务设施。合理的供水和排水系统是保证乡村居住区卫生和环保的基础;稳定的电力和网络设施则能够提升居民的现代生活体验,尤其是网络通信的普及,让乡村居民能够更好地融入信息化社会。此外,居住区应当规划足够的绿地、公园和休闲场所,供居民日常活动和娱乐放松,这些公共区域不仅能美化环境,还能促进居民之间的互动和邻里关系的和谐。

交通问题也是乡村居住区规划中不可忽视的重要方面。乡村地区的交通基础设施较为薄弱，尤其是远离市区的乡村，往往存在道路狭窄、交通不畅等问题，这直接影响了村民的出行便利性。在规划乡村居住区时，应当考虑到交通的便捷性和安全性。合理规划道路网络，确保每一户居民都能方便地通行，同时加强与周边城镇的交通联系，提升乡村与外界的联通性。对于大部分乡村而言，虽然不需要过多的高架桥或地下通道，但必须在地面交通上进行有效的布设，确保交通的顺畅流动，避免出现交通瓶颈或拥堵现象。此外，乡村居住区规划中还需要考虑到经济发展与生态环境的平衡。乡村的资源往往较为有限，但也拥有独特的自然风貌和人文景观。在进行居住区建设时，应当注重绿色环保理念，采取可持续发展的建设方式。比如，在建筑设计中可以采用节能环保的材料，推动雨水收集系统的使用，减少对环境的破坏，保护周边的自然生态。此外，还应加强对乡村传统文化的保护与传承，居住区的设计可以适当融入地方特色，既能满足现代生活的需要，又能保留乡村的独特魅力。

随着乡村发展理念的转变，乡村居住区的规划也在逐步从传统的功能性布局向多元化、个性化、生态化的方向发展。这不仅仅是为了提升居民的居住舒适度，更是为了提升乡村的整体吸引力，使其成为宜居、宜业、宜游的综合体。在这一过程中，政府的规划引导和政策支持发挥着至关重要的作用。通过合理的政策引导，鼓励农民参与到乡村建设中来，推动乡村居住区的改造与建设，实现城乡融合发展。

通过科学的规划，乡村居住区能够有效地优化村民的生活环境，提升居住的舒适度与幸福感。同时，乡村居住区的提升，也能推动乡村社会的整体进步，促进城乡之间的平衡发展。最终，乡村不仅仅是一个居住的地方，更成了人与自然和谐共处的家园，成为乡村居民心灵的栖息地。

二、生产与生活空间整合

随着现代化进程的推进，乡村的功能需求逐渐变得多样化，传统的生产区与生活区之间的界限愈发模糊。在这种背景下，探索生产区与生活区的合理结合成为提升乡村整体功能性和便利性的关键。通过打破这两者之间的割裂，乡村不仅能够提升生产效率，还能改善居民的生活质量，为乡村振兴注入新的活力。

传统的乡村布局通常是生产区与生活区分隔开来，生产区多位于村外或者村庄的边缘地带，而生活区则集中在村庄的中心地带。这种布局形式在过去的农业社会中十分常见，因为那时生产主要依赖于土地、劳动力和自然资源，生产和生活的分离有助于避免污染和噪声的干扰。然而，随着经济结构的变化和社会需求的多样化，这种传统模式暴露出了一些问题。生产区与生活区的割裂不仅限制了土地资源的有效利用，也导致了交通、物流等方面的诸多不便，居民在日常生活中面临着出行不便、劳动力分散、资源浪费等问题。为了克服这些难题，生产区与生活区的合理结合变得尤为重要。

在现代乡村的发展过程中，生产区与生活区的有机结合能够有效地提升土地利用效率，推动生产力和生活水平的双向提升。通过合理规划和设计，可以在一个区域内同时满足生产和生活的需求。例如，可以通过将农业生产设施、农民住宅、商业设施以及文化休闲空间有机融合，实现功能上的互补与协同。生产区与生活区的结合不仅能够节省土地资源，还能够减少基础设施的重复建设，降低建设和运营成本。同时，这种结合方式也能缩短居民的通勤距离，方便他们更快捷地获取生活所需的各类资源，提高生活的便捷性和舒适度。

生产区与生活区的结合也能促进乡村经济的多元化发展。以农业为主的乡村生产活动通常以农田为载体，而农田的周围则是农民的居住区。通过引导农业与休闲旅游、生态农业等产业的融合，生产区与生活区的结合能够创造出更具活力的经济生态圈。现代农业生产模式不仅局限于传统的种植业或养殖业，还可以发展农产品加工、农业科技、乡村旅游等相关产业。通过合理的空间布局，将这些产业与居民生活区域结合，不仅能够提供更多就业机会，还能够提升乡村的整体经济水平和居民的收入水平。与此同时，生产区与生活区的结合还能够优化乡村的环境质量。传统的分离模式往往导致生产过程中的废气、废水、噪声等污染物排放到环境中，而生活区又往往缺乏有效的处理设施。而在生产与生活相结合的模式下，可以通过集中处理、资源共享等方式解决环境污染问题。例如，在农业生产过程中使用的有机肥料和农药可以通过科技手段和绿色农业方法得到有效控制和回收，避免对周围环境的污染。同时,生产区和生活区在设计上也可以考虑生态环境的可持续发展,使用绿色建筑材料、增加绿化面积、设计自然水系等方式,既满足生产需求,又提升生活质量。

生产与生活空间的整合还能够促进社会结构的优化。在传统模式下,生产和生活往往由不同的群体分别承担,导致生产力的分散和社会资源的浪费。而通过将生产与生活空间有机结合,能够让不同社会群体在同一空间内实现互动和合作,促进资源的高效利用和社会关系的和谐发展。村民不再只是生产的劳动者,同时也是生活的享受者,生产和生活的界限逐渐模糊,形成了更加紧密的社会纽带。

三、生态保护区规划

在现代社会的快速发展过程中,生态保护区的设立与规划变得愈加重要。生态保护区作为自然环境保护的重要手段,不仅在物种保护、生态系统维持方面发挥着关键作用,也为人类与自然和谐共处提供了可行的解决方案。在空间布局中合理引入生态保护区,能够有效保障自然环境的可持续性,使得生态系统能够在一定的保护范围内得到恢复与发展,同时也为未来的发展提供了资源保障。

生态保护区的规划不仅仅是为了保护某一地区的特定物种或生态景观,它更重要的意义在于通过科学规划,保持或恢复生态过程的完整性。随着全球环境问题的日益严重,生态系统遭受的破坏也愈加明显,许多原本相对完整的自然环境已遭到人为的过度开发与破坏,导致了生物多样性的严重丧失。为了应对这一严峻形势,各国开始纷纷设立生态保护区,通过划定特定区域,严格限制人类活动,从而实现对自然环境的有效保护。

生态保护区的设置,不仅仅是对自然景观的简单保护,更在于通过生态学的原理和方法,全面考虑生物栖息地的完整性,保证生态链的正常运作。在这一过程中,生态保护区的规划应该考虑到当地自然条件、气候特点、生物多样性以及与周边区域的联系。生态保护区的设置应该遵循科学的原则,既要保证区域的生态功能得以长期发挥,又要尽量减少对区域内外环境的负面影响。

规划中的生态保护区不仅仅是局部区域的“绿洲”,它的存在应该与整个区域的生态环境相连接。生态保护区不仅要考虑保护物种与生态系统本身,还需要考虑它们与外界环境的互动。例如,在某些地区,生态保护区的设立可能需要与周边的农业、森林、湿地等自然景观区域相协调,形成一个更加广阔的生态保护网络。通过这种方式,生态保护区不仅能够在局部范围内发挥作用,还能通过生态廊道的建设,增强生态系统的连通性,保证生态功能的可持续性。

为了确保生态保护区的规划能够真正落实,管理措施也必须与规划方案相配套。在规划阶段,应该深入调研,了解当地的自然资源状况和生态环境特点,评估各类人类活动对生态环境的影响,并依据这些信息制定合理的保护措施。管理工作中,需要通过多方合作,整合各方面的资源,形成管理合力,确保生态保护区内的生态环境能够得到有效的保护。特别是在一些特殊区域,生态保护区内的管理要特别严格,禁止过度开发和人类活动的干扰,保持生态系统的稳定性和自我恢复能力。然而,生态保护区的设立并不是孤立的,它需要考虑与周边社区、经济活动的协调。现代社会中,经济活动与环境保护之间往往存在冲突,而如何实现这两者的平衡,考验着生态保护区规划的智慧。在规划生态保护区时,应考虑到人类需求和生态保护的双重目标,寻求可持续的解决方案。通过合理的规划设计,不仅能够实现生态保护区的自然功能,还能够为当地社区提供适宜的经济发展机会,例如通过发展生态旅游、绿色农业等方式,既保证了生态环境的保护,又促进了经济的可持续发展。

在生态保护区的空间布局中,区域的可持续性是一个关键指标。生态保护区不仅要在自然环境中起到屏障作用,避免过度开发和环境污染,还要能够在自然灾害、气候变化等外部压力下保持生态系统的韧性。科学的规划设计可以帮助生态保护区适应未来可能出现的环境变化,保证其长期的生态功能不受破坏。

第三节　乡村产业融合发展的尝试

一、农业与加工业的结合

农业与加工业的结合是推动乡村振兴、实现农村经济可持续发展的重要途径。农业作为农村经济的基础,其产业化和现代化进程与加工业的深度融合,能够有效提升产业链的附加值，拓宽农产品的市场空间，并为农民创造更多的就业机会和收入来源。当前，农业与加工业的有机结合不仅仅是一个简单的产销对接问题，更是一个涉及技术创新、市场拓展、资源整合、人才培养等多方面的系统工程。

农业与加工业的融合并非单一的产物，而是通过多个环节的协作来实现的。从种植到加工、从原材料到成品的每一环节都需要紧密配合，确保农业产品能够通过加工转化为附加值更高的商品。随着农业生产方式的不断发展，现代化的农业不仅仅满足基本的粮食和基础农产品需求，更要求高质量、高附加值的农产品供应。因此，加工产业的引入能够将农产品从简单的原料转化为具有更高市场价值的商品。通过推动农业与加工业的有机融合，不仅能够有效解决农产品滞销的问题，还能够促进农民收入的提升。乡村地区的农业大多以单一作物为主，而这些作物的价格波动往往会直接影响到农民的收入。通过加工业的引入，农产品可以在多重加工过程中增加价值，使得农民能够通过多元化的方式获得收入。对于一些处于贫困边缘的地区，通过加工产业的支持，不仅能够提高当地农民的收入水平，还能够提升乡村经济的整体活力。此外，农业与加工业的结合能够带动整个产业链的升级。农业产业本身依赖于资源的生产与利用，而加工业的进步则能够为农业提供更多的技术支持与创新机会。通过科技的引领，加工业能够提升农业的生产效率，优化农业产品的质量，同时为乡村地区提供更加丰富的就业机会，增强农民的技能培训和技术掌握，从而实现经济的全面提升。而这一过程中，人才的引入与培养也是至关重要的。加工业的快速发展需要大量的技术人才和管理人才，而这些人才的引入不仅可以促进农村劳动力的转型，还能够为乡村地区注入新的发展动力。

乡村产业链的延伸和附加值的提升，依赖于农业与加工业之间的协同效应。加工业不仅需要农产品作为原料，还需要在加工过程中考虑到产品的创新性和市场需求的变化。随着人们消费观念的转变，越来越多的消费者倾向于选择健康、绿色、有机的农产品，这就要求加工业不断进行产品创新和技术升级。通过加工业对农业产品的加工和创新，不仅能够提高产品的市场竞争力，还能使农业向着高附加值的方向发展。因此，加工产业的发展不仅仅是一个经济效益的问题，更是农业发展质量的体现。

推动农业与加工业的融合,还能有效促进农产品的品牌化和市场化。随着消费者对品牌认同度的提高,农业产品的品牌效应变得越来越重要。通过对农产品的深度加工和品牌建设,能够让更多的消费者认知到产品的独特性和优质性,从而提高产品的市场认可度。品牌的建立不仅能增加产品的附加值,也能够为农业带来更多的市场机会,增强农业企业在国际国内市场中的竞争力。

二、文旅产业与农业的结合

文旅产业与农业的结合是近年来乡村振兴战略中的一个重要方向。随着城市化进程的加快,越来越多的人开始渴望回归自然,追寻田园诗般的生活,乡村旅游因此成为一种热门的休闲方式。而农业不仅是乡村的根本产业,也是当地文化的深厚载体,二者的结合能够为乡村注入新的活力,促进乡村经济的多元化发展。在此过程中,文化和农业资源的有机结合不仅能为游客提供丰富的体验,还能帮助当地农民提高收入,提升乡村的整体竞争力。

农业是乡村经济的基础,随着人们对自然生态、绿色生活方式的重视,乡村的农田、农作物、传统的耕作技艺逐渐被视为文化资产,而这些农业元素与文化旅游的结合,能够带来巨大的市场潜力。通过挖掘乡村的传统文化,农田和农作物成为展示乡土风情、民俗特色和历史遗存的重要载体。例如,某些地区的特色农产品不仅能够吸引游客的兴趣,还能成为文化体验的一部分,让游客在参观的过程中感受到当地的文化氛围。

乡村旅游品牌的打造离不开地方特色的农业产品的支撑。每一个乡村都应当根据自己的自然条件、气候特点、历史文化等因素,打造独特的农产品品牌,这些特色产品可以是有机蔬菜、地理标志农产品、传统的手工艺品,甚至是传统的农耕文化和地方节庆活动。通过这些特色的农业元素,乡村可以展示其独特的风貌,吸引游客的同时,也能提高农产品的市场认知度,从而推动乡村经济的可持续发展。另外,文旅产业的发展也为农业带来了新的发展机遇。随着人们生活水平的提高,旅游已经成了一种重要的消费方式,而乡村旅游作为其中的一部分,尤其受到都市人群的青睐。在这种趋势下,乡村不仅能够通过打造观光旅游景点吸引游客,还可以通过亲身体验的方式让游客参与到农业生产过程中,真正实现农业与文化旅游的深度融合。游客可以在农场里参与采摘、农耕，体验传统的农活，甚至可以参与到农业产品的制作过程中，感受农田与食物之间的关系。这种体验式的旅游方式不仅让游客对农业生产有了更加深入的了解，也让农业的附加值得到了提升。

文旅产业和农业的结合还能够推动农业产业的升级。在很多乡村，传统的农业生产方式可能已经难以满足现代化的需求，而文旅产业的介入，可以促进农业现代化的进程。通过引入先进的农业技术、设备以及生产管理模式，乡村的农业生产不仅能够提高效率，还能提升农产品的质量和市场竞争力。同时，农业与旅游的结合，也能为乡村带来更多的就业机会，吸引更多的年轻人回到家乡投身农业，推动乡村劳动力的回流。旅游业所带来的客流量，能够为农业产品提供一个稳定的市场，也为乡村经济的发展创造了更多可能性。值得注意的是，农业和文旅产业的结合并非简单的产业叠加，而是需要一种深度融合的思维模式。只有在农业生产和文化旅游的双重驱动下，乡村旅游才能够取得真正的成功。这不仅仅是一次旅游项目的推出，更是一种乡村振兴的战略思考。在这个过程中，政府的支持与引导、企业的投资与创新、农民的参与与实践，三者之间的良性互动是至关重要的。通过政策的扶持、资金的投入以及平台的搭建，文旅产业能够为农业注入新的动力，农业又能为文旅产业提供丰富的资源。

通过农业与文旅产业的深度融合，乡村不仅能够打造出特色鲜明的旅游品牌，还能推动农村经济的全面发展，改善农村的基础设施和生活条件，提升农民的收入水平，推动乡村的可持续发展。这种结合为乡村经济的转型升级提供了一个全新的思路，也为乡村振兴战略的实施提供了切实可行的路径。通过不断深化农业与文化旅游产业的合作，乡村能够在保留传统农业特色的基础上，实现现代化的跨越，最终走向更加繁荣的未来。

第四节　乡村文化与旅游结合的创新

一、传统文化资源的挖掘

乡村的传统文化资源蕴含着丰富的历史内涵和地域特色，长期以来，这些文化遗产为乡村注入了独特的生命力。然而，在现代化进程的推动下，许多乡村的传统文化逐渐被忽视，甚至在一些地方逐渐消失。挖掘这些文化资源，尤其是将其与旅游业相结合，已经成为一种推动乡村振兴、促进经济发展的有效路径。乡村的传统文化不仅仅是一个历史遗产，还是与土地、与人民紧密联系的生动记忆和精神财富。如果能够通过合适的方式加以传承与弘扬，不仅能够增强乡村的文化自信，还能为乡村带来源源不断的经济活力。

挖掘乡村传统文化资源的核心在于发现和保护那些原生态的文化元素。这些文化资源往往根植于当地的风土人情、历史变迁以及民间传说之中，具有极强的地方特色和历史价值。乡村的传统工艺、传统节庆、地方戏曲、民间传说、手工艺品、古老的建筑风格等，都是值得深入挖掘和保护的重要文化资源。这些传统文化资源不仅承载着乡村的历史记忆，也是乡村与外界连接的文化纽带。通过对这些资源的整理和呈现，可以唤起人们对乡村文化的兴趣和认同感，激发游客的探索欲望。

在具体的挖掘过程中，需要关注传统文化的“活态传承”。传统文化的生命力并不仅仅在于其古老的形式，还在于其能够在当下的社会生活中得到再创造和发展。因此，挖掘传统文化资源时，不能简单地将其视为一个静态的、可供展示的物件，而应当重视其在当代社会中的生动演绎和创新应用。例如，在保留传统手工艺技艺的基础上，可以邀请当地的工艺师与游客互动，让游客亲身参与到传统技艺的制作过程中，这样不仅可以增进游客对传统文化的认知，还能够激发他们的创造力与参与感。另外，乡村的传统节庆和民间活动也具有巨大的潜力。这些节庆和活动通常包含了丰富的历史、文化和艺术内容，能够引起人们的情感共鸣。例如，传统的农事节庆不仅是乡村生活的一个重要组成部分，也是展示乡土文化的一个重要窗口。通过将这些节庆与旅游活动结合起来，可以为游客提供丰富的文化体验。游客不仅能够享受乡村的自然美景，还能够深刻感受到乡村文化的独特魅力，这种文化体验是城市化进程中的游客所无法获得的。

在乡村文化资源的挖掘过程中，乡村居民的参与至关重要。乡村的传统文化往往是由一代代的乡村人代代相传的，他们是文化的创造者、守护者和传承者。因此，挖掘传统文化时，必须尊重当地居民的文化认同和情感诉求。乡村居民不仅能够提供宝贵的历史资料和文化背景，还能通过他们的口述历史、生活习惯、民间艺术等方式，帮助我们更好地理解和保护这些传统文化资源。此外，乡村的传统文化也能够为居民提供更为丰富的精神寄托和文化自信。通过深入挖掘传统文化资源，乡村居民不仅能够从中获得文化认同感，还能够在参与到乡村文化旅游的过程中，增加收入，改善生活条件。

将乡村的传统文化资源转化为独特的旅游吸引点，不能仅仅停留在表面的展示上，更要深入文化的内涵中，去发掘那些能够打动人心的故事、情感和思想。通过有机融合乡村的历史、人文和自然资源，将传统文化以生动、互动的方式呈现出来，才能真正吸引游客的目光。旅游不应仅仅是一个观光的过程，更应该是一个体验和感悟的过程。当游客在乡村中流连忘返，感受到文化的力量时，乡村的传统文化便得到了真正的弘扬与传承。

二、文化体验项目的开发

文化体验项目的开发是一个复杂且充满挑战的过程，它不仅需要精心设计，还要能够触动游客的情感，带给他们深刻的印象。在旅游业日益发展的今天，单纯的观光已不能满足现代游客对文化的需求，他们期望能够通过亲身参与的方式，深入了解和感受目的地的历史、传统与艺术。因此，设计一个能够吸引游客并提供深刻体验的文化项目，已经成为旅游开发中的重要任务。

开发文化体验项目的关键在于如何通过创新的方式将传统文化与现代游客的需求结合起来。文化本身具有多样性和包容性，设计时要考虑到地域文化的独特性，同时又要有足够的开放性，吸引不同背景和兴趣的游客。在这一过程中，文化的传递并非单纯的知识灌输，而是通过参与式、互动式的方式，让游客在亲身体验中深入理解文化内涵。这样，文化才能不再是冰冷的展览品，而是与游客产生情感共鸣的活生生的存在。

在文化体验项目的设计中，深度融合地方特色文化是至关重要的。每个地区的文化都有其独特的魅力，这种地方性往往与当地的自然环境、历史背景、民族风情紧密相连。因此，在设计时要充分挖掘并展示这些元素，让游客不仅了解文化的表象，还能感受到文化背后的故事和精神。比如，某些地方的传统手工艺品，不仅仅是艺术品,它们往往凝聚了世代传承的技艺和匠人的智慧。游客在亲自参与制作过程中,不仅能体验传统工艺,还能从中感悟到工匠精神和对艺术的尊重。此外,文化体验项目应注重情感的共鸣和文化的传承。在现代社会,游客的需求不仅仅是对知识的获得,更是对情感和心灵的触动。设计项目时,可以通过讲述文化背后的故事,激发游客的情感共鸣,让他们在参与的过程中感受到文化的温度。这种情感上的认同和连接,能够让游客在离开时,不仅带走了一些物质的纪念品,更重要的是带走了一段文化记忆和心灵的印象。文化体验项目不应仅限于娱乐性,更应该有教育性和启发性,它能够引导游客思考与反思,甚至激发他们对当地文化的尊重和认同。

文化体验项目的成功,离不开游客的参与和互动。传统的观光型旅游往往是单向的,游客处于被动接受的信息中,而文化体验项目则是双向的,游客不仅仅是信息的接受者,还是文化的传播者和创造者。在设计过程中,应当注重游客的主动参与,让他们成为文化传承的载体。例如,在某些地方,游客可以亲身体验传统节日的庆祝活动,参与民间舞蹈、传统音乐演奏或烹饪地方美食。通过这些互动活动,游客不仅仅是旁观者,他们会在体验中学到新的技能、掌握新的知识,并通过自己的方式与当地人和文化建立联系。

除了互动性,文化体验项目还应注重持续性和长期性。一个好的文化项目,不仅仅是短暂的娱乐,更应该成为当地文化和旅游产业的一部分,形成可持续的吸引力。这就要求设计者能够从长远角度出发,思考项目的长效机制和创新发展空间。通过不断更新和调整,使项目能够与时俱进,适应游客需求的变化,同时也能不断深化文化的传递和体验。文化的传播不仅仅局限于某个时间段,而是通过不断的演绎和传承,成为旅游目的地的长期竞争力。

三、文化与现代设施的融合

随着社会的不断发展和乡村旅游的兴起,如何在保留乡村传统文化的基础上,融合现代设施,提升游客的整体体验,成了乡村振兴中的一个重要课题。乡村文化承载着悠久的历史和丰富的地方特色,它不仅是当地人生活的根基,也是外来游客探访的独特魅力所在。而现代设施则代表着时代的进步,它能够大幅提升生活便利性,改善基础设施,促进当地经济发展。当这两者能够巧妙融合时,不仅能够保持乡村的文化韵味,还能让现代人感受到舒适与便捷,达到传统与创新的有机结合。

乡村文化往往是在长期的历史积淀中形成的,它包括了当地的风土人情、民俗艺术、传统手工艺、地方语言等方面的内容。这些文化元素体现了当地人对自然、对生活、对社会的独特理解,也映射着这个地方的历史变迁和文化底蕴。然而,在现代化进程的推动下,许多乡村的传统文化逐渐面临着消失的危机,尤其是在一些交通不便的地区,年轻人外出务工,导致农村人口逐年减少,传统文化的传承和发扬面临严峻挑战。因此,如何保留和弘扬乡村文化,成了文化融合中的首要任务。与此同时,现代设施的引入能够极大地提升游客的体验感和便利性。现代化的交通网络、信息技术、卫生设施等不仅改善了乡村的居住环境,还打破了乡村与城市之间的距离感。高速公路的建设、公共交通的完善使得乡村与外界的联系更加紧密,游客可以更加方便地抵达乡村,而现代化的住宿条件和餐饮设施则能保证游客在乡村的舒适度。这些设施的引入,尤其是在旅游业发展的背景下,不仅使得乡村变得更加宜居,也使得乡村成了现代人放松、休闲的好去处。

然而,过度的现代化可能会导致乡村原有的文化特色消失,或是与外来设施的冲突。因此,如何在现代化设施与乡村文化之间找到平衡点,成了一个亟待解决的问题。最好的方式是将现代设施与乡村的自然景观、文化背景、建筑风格等有机结合。例如,在建设乡村旅游设施时,可以保持原有的建筑风貌,使用传统的建材和工艺,使建筑外观与周围环境和谐融合。同时,可以在设计上注入当地的文化元素,如雕刻、壁画等,既保持文化的独特性,又不失现代功能的便利。此外,现代化设施的引入也可以借助科技手段来提升游客体验。在乡村地区,利用智能化技术,例如智能导览系统、移动支付、无线网络等,不仅提升了游客的便利性,还让他们在享受传统文化的同时,感受到现代科技带来的便捷。这些高科技设施的应用,可以让游客在享受乡村的宁静与自然的同时,随时获取信息,进行个性化的活动安排,体验到一种融合传统与现代的独特感受。

乡村文化的传承与创新也可以通过现代化设施来实现。例如,乡村的传统手工艺可以与现代设计理念结合,推出既具有传统工艺又符合现代审美的产品,吸引游客的同时也为当地带来了经济收益。在一些传统节庆和民俗活动中,现代化的舞台设施和声光效果可以帮助更好地呈现传统文化,使得乡村文化在现代社会中焕发新的生命力。此外,乡村的传统美食也可以通过现代化的餐饮设施来传承与创新,既保留了原汁原味的乡村风味,又符合现代人对饮食卫生和营养的要求。

第五节　可持续发展的技术与方法探索

一、绿色建筑技术的应用

随着环境问题日益严重,全球各地都在积极寻求可持续发展的解决方案,尤其是在建筑行业。绿色建筑技术作为现代建筑的一个重要方向,已经逐渐成为解决资源消耗与环境污染问题的有效途径。尤其是在乡村建设中,推广绿色建筑技术不仅可以减少对自然资源的消耗,还能有效提升居住环境的质量,促进乡村的可持续发展。

绿色建筑技术的应用首先涉及能源的高效利用。传统的乡村建筑往往过于依赖传统的能源供应模式,消耗大量的煤、石油等不可再生能源。而绿色建筑技术则强调在建筑设计和施工过程中采用一系列节能措施,如高效的保温隔热材料、智能化的照明与空调系统等。这些技术可以最大限度地减少建筑的能耗,提高能源的使用效率。在冬季,合理的建筑布局和保温设计可以有效减少取暖的需求;而在夏季,良好的自然通风和遮阳设计则能减少空调的使用,从而节约能源。通过这些节能技术的实施,乡村建筑不仅能够满足居民的基本需求,还能够大幅度降低能源的消耗,减少温室气体的排放,助力应对气候变化。

在建筑材料的选择上,绿色建筑技术也追求可持续性。传统建筑材料如水泥、钢铁等生产过程中的碳排放量较高,而绿色建筑则优先使用低碳、环保、可再生的材料。例如,采用本地采集的建筑材料,既能减少运输过程中对能源的消耗,又能更好地与自然环境融合。此外,绿色建筑还鼓励使用回收材料,如再生木材、再生砖块等,这些材料不仅能够减少废弃物的产生,还能降低新材料的需求,减少对自然资源的开采压力。通过这些材料的使用,不仅实现了资源的循环利用,也有效减少了建筑施工对生态环境的负担。

在水资源的管理上，绿色建筑技术同样具有明显优势。乡村地区的水资源通常相对匮乏，因此合理的水资源管理显得尤为重要。绿色建筑技术通过雨水收集和利用系统，将降水转化为可用水源，减少了对地下水和自来水的依赖。这些系统可以将雨水储存于蓄水池中，经过简单处理后用于灌溉、冲厕等非饮用水需求，有效降低了水资源的浪费。同时，绿色建筑还通过使用节水型设备，如低流量的卫浴洁具、高效节水的灌溉系统等，进一步降低水的使用量。在乡村建设中应用这些技术，不仅能够改善水资源的管理，也能有效缓解水资源短缺问题，提升当地居民的生活质量。

绿色建筑技术还强调生态环境的保护与恢复。在乡村建设中，生态环境的维护是实现可持续发展的重要环节。绿色建筑设计通常考虑到建筑与自然环境的和谐共生，如合理规划建筑的绿化带、保护原有的植被、采用透水性材料铺设道路等。这些措施可以有效减少硬化地面面积，避免雨水排放过快导致的水土流失。同时，绿色建筑还通过植被覆盖、屋顶绿化等手段，增加了建筑的绿色面积，提升了建筑的生物多样性。这不仅有助于调节局部气候，还能改善乡村地区的空气质量，增强生态系统的功能和韧性。

随着乡村建设对生态环境的影响日益加剧，绿色建筑技术的应用显得尤为重要。通过推广绿色建筑技术，不仅可以有效降低建筑对能源、资源的消耗，还能够减少对环境的负面影响，促进乡村的可持续发展。在这个过程中，技术的创新与发展为乡村建筑带来了更多可能，使得传统的乡村建设与现代环保理念相结合，形成了一个更加绿色、智能、舒适的生活空间。而绿色建筑技术的应用，正是推动这一转型的核心力量，它不仅改变了乡村建筑的面貌，也为乡村居民带来了更加美好的生活。随着这一理念的深入人心，未来的乡村将不再是资源浪费的代名词，而是与自然和谐共生的典范。

二、生态农业技术的探索

生态农业技术的探索不仅是对传统农业生产方式的改良，更是对自然环境和资源保护的一种积极回应。随着农业化学品的广泛使用，土地、空气和水源的污染问题逐渐显现,生态系统的平衡被打破,生物多样性受到威胁。因此,推动生态农业技术的研究和应用,尤其是减少农药、化肥的使用,已成为全球农业发展的重要方向之一。生态农业的核心目标在于实现农业的可持续发展,使农业生产与自然环境和谐共生,既满足当代人对粮食的需求,又不对生态系统造成长期的负担。

在生态农业技术的探索过程中,关键的技术手段之一是有机农业生产方法。这种方法摒弃了对化学肥料和农药的依赖,转而使用有机肥料和天然的病虫害防治技术。通过利用有机肥料来改善土壤结构,增强土壤的肥力,不仅能够减少土壤对化学肥料的依赖,还能促进土壤微生物的多样性,改善土壤的生态功能。有机农业的推广有助于恢复土壤的自然生产力,减少农业生产过程中的环境污染,同时保障作物的食品安全。随着科技的进步,现代有机农业技术也逐步引入了先进的监测与管理手段,例如精准施肥技术和生物防治技术,从而进一步提升了农业生产的效率和可持续性。

除了有机农业,生态农业的另一项重要技术是综合农田管理。这种技术不仅关注土壤的肥力和作物的生长,还注重整体农业生态系统的优化,强调作物、土壤、气候与生物多样性之间的相互作用与平衡。在这一模式下,农田中的各种生物活动,如植物根系的作用、土壤微生物的活跃程度以及多种害虫与天敌的自然调节,都在系统的设计与管理中得到充分考虑。例如,合理的轮作和间作,不仅能够有效减少病虫害的发生,还能够提高土壤的肥力和抗旱能力。通过优化作物的种植组合,可以在保证粮食产量的同时,提升农业生产的生态效益,减少对外部化学输入的依赖。另外,生态农业技术的探索也着眼于水资源的高效利用。在许多地区,水资源短缺和水污染问题日益严重,传统的灌溉方法往往导致水资源浪费和土壤盐碱化。为了应对这些挑战,生态农业通过引入节水灌溉技术,如滴灌、微喷灌等方式,不仅能够精确控制水分的供给,减少水分蒸发和渗漏损失,还能够改善作物的生长环境,提高水资源的利用效率。与此同时,现代农业还结合大数据和物联网技术,运用智能化的农业设备进行精准管理,通过实时监测土壤湿度和气候变化,实现对水资源的科学调度和合理分配,确保水资源的可持续使用。

土壤健康的改善是生态农业的又一重点。土壤是农业生产的基础,而土壤的健康与农业的可持续发展息息相关。长期依赖化肥和农药的单一农业模式,往往导致土壤结构的破坏和土壤生物的丧失，进而影响作物的生长和产量。因此，生态农业提倡通过增加有机物质的投入，改善土壤的结构和肥力，恢复土壤的自然功能。生物质肥料的使用，尤其是通过堆肥、绿肥种植等方式，将农业废弃物和有机物质转化为肥料，不仅减少了废弃物的污染，还能够增强土壤的保水能力和通气性，为作物提供更加健康的生长环境。

生态农业还特别重视生物多样性的保护。在传统的农业生产模式中，单一作物的种植和过度的化学干预往往使得农业生态系统趋于单一和脆弱，难以抵抗自然灾害和病虫害。而生态农业强调多样化的作物种植，采取农田林网结合、农田生物带建设等措施，为各种生物提供栖息和繁殖的场所，从而维持生态系统的稳定性和抵御力。通过这些手段，生态农业不仅能够增强农田的生物多样性，还能够促进农业生产的自然调节能力，减少对外部投入的依赖。

生态农业技术的探索是一个系统性、综合性的过程，涵盖了土壤管理、水资源利用、作物种植、病虫害防治等多个方面。这些技术不仅关注农业生产的直接效益，还注重对环境和生态系统的长远影响。通过减少对化学肥料和农药的依赖，推动农业生产方式的转型，生态农业能够在保障粮食安全的同时，推动农业与自然环境的和谐共生。随着科技进步和实践经验的积累，生态农业技术必将为全球农业的可持续发展提供更加广阔的前景。

三、清洁能源的应用

随着环境问题的日益严重，清洁能源的应用逐渐成为解决能源危机和环境污染的关键。乡村作为自然环境较为优美、人口分布相对分散的地区，其能源消耗方式和结构相较于城市具有独特的特点。然而，传统能源在这些地区的过度使用，不仅加剧了生态环境的压力，也给人们的生产生活带来了不小的挑战。在这种背景下，太阳能、风能等清洁能源的推广应用，不仅能有效减少对传统能源的依赖，降低温室气体排放，还能促进乡村可持续发展，提高居民的生活质量。

清洁能源的一个显著优势在于其来源广泛且取之不尽，尤其是在乡村地区，太阳能和风能的资源往往较为丰富。许多乡村地区地处开阔平原或山区，具有得天独厚的太阳辐射和风力条件，这使得太阳能和风能的开发潜力远远高于城市。安装太阳能光伏板或风力发电机,不仅能满足当地的电力需求,还能减少对化石能源的依赖,降低二氧化碳的排放。这不仅是应对全球气候变化的需要,也是乡村地区实现能源独立、保障能源供应的有效途径。通过合理规划和技术创新,乡村可以在保障能源供应的同时,充分利用其自然资源,推动可持续发展。

在清洁能源的推广应用过程中,太阳能和风能的利用方式多种多样,既可以用于家庭和小型农业生产,也可以通过集中式发电为乡村地区提供大规模的能源供应。对于许多偏远地区,太阳能光伏系统已成为解决用电问题的重要手段。尤其是在没有稳定电网覆盖的地区,太阳能作为一种绿色、可靠、低成本的能源形式,为当地居民提供了光明和便利。通过家用太阳能设备,不仅可以满足日常照明、家电使用等基本需求,还能为灌溉系统、牧场等提供所需的能源。此外,一些地方的乡村学校、卫生院等公共服务设施,也逐渐开始采用太阳能供电系统,确保能源的可持续供应,推动社会服务的均衡发展。

风能的利用则在某些乡村地区展现出巨大的潜力。尤其是那些地处山脉或沿海的乡村,风力资源丰富,能够通过建设小型或中型风力发电机为居民提供稳定的电力供应。风能发电系统安装后,可以有效解决电力供应不足的问题,推动地方经济的发展。通过风能发电,乡村不仅能满足自身的能源需求,还能将多余的电力输送到城市或其他地区,为国家能源结构的优化作出贡献。更重要的是,清洁能源的应用不仅仅是能源供应的替代,它还带来了经济和社会的深远变化。在能源消耗结构的转型过程中,乡村地区的清洁能源项目成了新的经济增长点,为当地创造了大量的就业机会。太阳能和风能的安装、维护和管理需要大量的技术人才和劳动力,这为乡村的劳动力提供了更多的就业选择,尤其是在农闲时节,农民可以参与到这些清洁能源项目中,增加家庭收入。此外,随着清洁能源技术的不断进步和成本的逐渐降低,越来越多的乡村居民能够负担得起太阳能、风能等设备的安装,这不仅使得他们的能源费用大幅降低,还提高了他们的生活质量。

在清洁能源的广泛应用下,乡村的环境质量也得到了显著改善。减少传统能源的使用,尤其是减少煤炭、石油等化石燃料的消耗,直接减少了大气中的污染物排放,有效遏制了雾霾和酸雨等问题。清洁能源作为零排放能源,能够显著减少温室气体的排放,减缓全球变暖的进程,为乡村地区营造出更加清新、宜居的环境。

随着乡村的绿色发展,越来越多的人愿意回到乡村定居、工作,这对于乡村人口的回流和乡村振兴具有重要的推动作用。

清洁能源在乡村的应用,不仅是一项节能减排的技术革新,更是推动乡村经济转型、改善民生条件、促进生态文明建设的重要举措。它不仅提升了乡村的能源保障能力,还为乡村经济注入了新的活力,推动了社会的全面发展。在未来,随着清洁能源技术的不断创新和推广,乡村地区将迎来更加美好的绿色发展前景。

参考文献

［1］王志鸿．乡村振兴视域下的乡村景观规划与设计［J］．建筑经济，2021（8）．

［2］黄胤．乡村振兴背景下的村庄规划设计路径探索——江西宁都县莲子村乡村振兴总体规划设计实践［J］．城镇建设，2023（7）：13–16．

［3］孙莉．乡村振兴战略背景下乡村规划设计探析［J］．中国科技期刊数据库 工业 A，2023（4）：4．

［4］孟梦．新时代国土空间规划背景下乡村振兴规划设计探讨［J］．工程建设（维泽科技），2023，6（11）：62–64．

［5］范崇宁．浅析规划设计如何助推乡村振兴［J］．城镇建设，2021（1）：47．

［6］袁永晓．加强农业规划设计推进乡村振兴战略［J］．农业知识，2019（20）：2．

［7］宋哲．乡村振兴背景下关于乡村建设规划设计［J］．建筑结构，2023（13）．

［8］田涛，李静，田琦．规划设计引领区域乡村振兴实践研究——以定兴县南部乡村振兴示范带规划设计为例［J］．中华建设，2023（3）：105–107．

［9］彭朱勇，吴淑信．乡村振兴战略背景下特色村庄规划设计探究［J］．电脑爱好者（普及版），2023（9）：271–273．

［10］吴志军，祝彦飞，刘舒，等．规划设计视角下乡村振兴的实现路径——以江山市上余镇李坪村为例［J］．浙江国土资源，2022（3）：31–33．

［11］陈放，韩纪升．乡村振兴 创意田园：田园综合体规划设计实战［M］．北京：中国农业出版社，2019．

［12］张锦．乡村振兴战略背景下的乡村旅游规划设计［M］．太原：山西经济出版社，2021．

［13］张天柱，李国新．乡村振兴之美丽乡村规划设计案例集［M］．北京：中国建材工业出版社，2018．

［14］张尚武．乡村振兴：2018 年度中国城市规划学会乡村规划与建设学术委员

会学术年会论文集[M]. 北京：中国建筑工业出版社，2018.

[15] 魏书威，卢君君，王辉，等. 乡村振兴规划编制方法与技术：实施导向下的村庄规划研究[M]. 北京：中国建筑工业出版社，2022.

[16] 张效春，张逸品. 美丽乡村：四川地区乡村振兴规划案例选编[M]. 北京：人民日报出版社，2022.

[17] 张雨晴. 乡村振兴背景下广西贺州秀水村水楼区景观规划设计[D]. 桂林：桂林电子科技大学，2020.

[18] 吴嘉宇. 多规合一背景下村庄空间规划及策略研究[D]. 绵阳：西南科技大学，2023.

[19] 王继锋. 乡村振兴战略下的乡村规划问题及对策研究[D]. 开封：河南大学，2019.

[20] 许月菊. 基于产业导向的乡村振兴规划设计——以长丰县陶楼镇乡村振兴规划为例[D]. 凤阳：安徽科技学院，2019.

[21] 殷健强，马晓文，李元赫，等. 乡村振兴战略下田园康养综合体规划设计——以济宁泗水县为例[C]//2021—2023 智慧城市原创设计展及智慧城市建设产业博览会（成都站）论文集，2023.

[22] 司晓光. 乡村振兴视角下的小城镇特色规划设计策略[C]//2019 年中国城市规划年会. 北京：中国城市规划学会，2019.